U0427599

林业血防

理论基础及其典型模式

中国林业科学研究院
国家林业和草原局世界银行贷款项目管理中心 编著

中国林业出版社
China Forestry Publishing House

策划编辑： 刘先银
责任编辑： 许　凯　何　蕊

图书在版编目（CIP）数据

林业血防理论基础及其典型模式 / 中国林业科学研究院，国家林业和草原局世界银行贷款项目管理中心编著 . -- 北京：中国林业出版社，2020.1
ISBN 978-7-5219-0599-1

Ⅰ. ①林… Ⅱ. ①中… ②国… Ⅲ. ①山林地 – 血吸虫病 – 防治 – 研究 Ⅳ. ①R532.21

中国版本图书馆 CIP 数据核字（2020）第 090870 号

出　　版 中国林业出版社（100009　北京西城区刘海胡同 7 号）
网址　https://www.forestry.gov.cn/lycb.html
电话　010-83143580
发　　行 中国林业出版社
设计制作 北京大汉方圆数字文化传媒有限公司
印　　刷 北京中科印刷有限公司
版　　次 2020 年 1 月第 1 版
印　　次 2020 年 1 月第 1 次
开　　本 880 毫米 ×1230 毫米　32 开
印　　张 6
字　　数 180 千字
定　　价 59.00 元

编辑委员会

林业血防理论基础及其典型模式

主　　任：杜　荣

副 主 任：曾　茱　孙启祥

主 笔 人：孙启祥

编写成员：（按姓氏笔画排序）

王晓荣　方从兵　方建民　刘文礴　江期川
汤玉喜　孙启祥　苏守香　杜　荣　李永进
杨永锋　吴　敏　张旭东　张春华　张　倩
罗坤水　周金星　胡兴宜　柯文山　费世民
贾霁群　徐建雄　高升华　郭玉红　郭　伟
唐万鹏　唐　杰　蒋俊民　曾　茱

前言

林业血防理论基础及其典型模式

林业血防是林业生态措施对血吸虫病流行进行有效控制的研究与应用。这是林业在疾病防控方面的全新创举，是森林生态在环境与健康方面的重大突破和成功实践。

2006 年全国林业血防工程建设正式启动，林业血防的研究与建设进入蓬勃发展的重要阶段。血防林建设作为我国的一项重点林业生态工程，在血吸虫病严重流行的疫区七省大规模推进实施。2016 年中共中央、国务院发布的《“健康中国 2030”规划纲要》中明确提出了 2030 年全国所有流行县达到消除血吸虫病标准的历史性任务，作为健康中国战略的重要内容之一，全国血防工作进入最后攻坚的关键时期。面对新的历史任务，林业血防工程建设也由过去的重点治理转向现在的全面防控，建设范围也由以前的 7 个省扩展到 11 个省份，迈进“攻坚、巩固、预防”为一体的更高阶段。伴随着工程建设的不断发展，林业血防的研究工作也始终直接面对新问题、新要求、新目标，不断加大力度，力求技术创新，提升科技水平。全国林业血防工程建设以来，血防林实施面积约 800 万亩[①]，同时，工程建设区各地结合具体实践，因地

① 1 亩 =1/15 公顷。

制宜不断摸索创建了许多成功模式。林业血防奠基人、我国著名林学家彭镇华教授所创立的林业血防事业，研究与建设成效不断凸显，在保障与促进疫区及其群众的生命健康、生态安全、生活幸福方面发挥了积极作用。

当前以及今后一段时间，我国林业血防建设正处于关键时期。对前期，尤其是近几年林业血防研究与建设中，取得的新进展、新成果进行总结介绍，并将林业血防中一些核心内容更加有针对性地加以归总、剖析与展示，对于我们更好地理解林业血防、更好地建设林业血防工程具有积极意义和促进作用。

本书分为理论基础和典型模式两大部分。理论基础部分主要对林业血防的原理、特性、途径、关键技术等进行了归纳解析，典型模式部分利用图片并结合文字直观地对各种具体实施模式进行了简要介绍。希望本书的出版有助于林业血防工作者及其他相关人士从中得到些许启发或有所借鉴。

林业血防在生态、民生方面具有独特作用。在我国血防工作新的征途中，应进一步充分发挥林业血防的自身优势，以科学的理念为指导，不断加大新技术、新模式的推广应用，推进林业血防工程建设迈向更高水平，为全面实现“将‘瘟神’危害群众扫进历史，还一方水土清净、百姓安宁。”的宏大目标作出林业血防的应有贡献。

作　者

2019年10月

目录

理论基础篇

理论基础篇

本篇主要是对林业血防的原理、特性、途径、关键技术、建设成效等进行了归纳解析，有助于人们更好地理解林业血防、认识林业血防，同时对于我们更好地掌握林业血防关键技术、进一步提升工程建设技术水平具有积极作用。

第一章

环境、森林
与人类健康

第一节　环境与人类健康

林业血防，直观来看，就是林业与血吸虫病防控，更进一步，就其实质来说，是生态环境与疾病防控。林业血防是生态防病，是应用生态环境治理，防控血吸虫病流行，保护人类健康。这是我们人类主动利用林业生态建设，直面解决疾病流行的一项全新构想和重大创举。在环境与健康问题日益突出、已成为全人类共同关注的当今时代，林业血防作为生态治理防控疾病的成功实践，不仅为血吸虫病防控开辟了一条新的路径，更为我们人类在面对环境与健康问题时带来思考与启示。

因此，这里首先对环境与健康、林业与健康方面的相关知识进行简要介绍，一方面借此强调一下环境、林业事关我们人类健康的重要性，当然，另一方面，这些内容对于我们深入理解林业血防的理论及其技术大有裨益。

什么是环境呢？所谓环境，对于人来说，就是人体周围的一切要素。人是环境中的人，人类总是生活在一定的环境之中，并时时刻刻受到周围各种环境因素的影响。根据尺度范围的不同及要素组成的差异等，环境可分为很多类型。其中，最为典型的划分之一是自然环境和社会环境。这是因为人类不仅具有普遍的自然属性，而且具有有别于其他生物的特殊的社会属性。一切自然要素，如光、热、水、气、土以及植物、动物、微生物等，构成了自然环境；一切社会要素，如文化、政治等，构成了社会环境。除此以外，环境的分类还有很多，如室内环境和室外环境，城市环境和乡村环境等。我们这里所指的环境是自然环境。而人与其周围环境之间的相互影响、相互作用，就形成了生态。

人类所在的星球是地球，人类所处的自然环境是地球环境。地球是迄今为止已知具有生命存在的唯一星球。早在 46 亿年前地球诞生以来，很长一段时间地球上并没有生命、更谈不上人类。经过约 35 亿年极其漫长的环境演变过程，地球才迎来了最初的生命——原核生物，原核生物逐渐演进到真核单细胞生物、真核多细胞生物，再进一步进化到原始动物，直至人类最终站到了地球之上。可以说，正是由于地球温度的降低，大气层、海洋的形成以及氧气的产生等一系列环境条件的不断变化，驱动着生命进化的不断发生，决定了地球上各种生物的相继出现，以及人类这一最高级、最重要的生命体在地球的诞生，从而形成了今天形态各异、丰富多彩的万物世界。因此，今天的人类是地球经历数十亿年一点一滴的环境变化，促进生物一步一步逐渐进化的最终产物。独特的地球环境，以及地球环境中所存在的人类等各种生命，赋予地球呈现与其他星球最本质的不同。长期以来，人类探索外太空生命的脚步从未停歇，然而在无边无际的浩瀚宇宙中，至今仍没有找到任何一个有人类等生命迹象的其他星球。无数星球中，只有地球是人类的居所，是全人类唯一的共同家园。

因此，地球，准确地说，地球环境孕育了生命，孕育了人类。没有地球环境，也就没有我们人类。

地球环境不仅孕育了人类，同时也是人类生存和发展的基础。自从大约两百万年前出现在地球上以后，人类就与其所在的地球环境紧紧地联系在一起。正如马克思所认为的，“人靠自然界生活。”众所周知，环境对于人类来说有以下两点最基本的作用，第一，环境为人类提供了其耐以生存所必须摄入的食物、水等各种物质资源。充足的食物，保证了人类生长发育。反之，如果食物不足，人就会营养缺乏，发育不良；没有水，机体代谢将受严重影响，人的致死时间只需短短 7 天；而没有空气，人更是在 10 分钟内便会窒息而亡。第二，环境为人类提供了其生长发育所必须的适宜空间。例如、光照的强弱，温度、气压的高低，以及噪声大小、辐射强弱等等。很明显的例子，夏季的酷热或者冬季的严寒，都会令人感到不适，一旦超过极限，人将无法忍受甚至危及生命。只有环境条件处于一定的适宜范围，人类才有可能健康发育、健康生长。由此可见，人类不仅来自环境，而且长于环境，始终离不开地球环境提供的食物、能量等各种资源和条件。地球是人类相生相依的母亲，是支撑并影响着我们人类生存、健康生活并不断繁衍进步的根基。

环境对于我们人类健康的重要性，怎么描述都并不为过。一个美好的环境，是维护人类健康最为珍贵的法宝。拥有了美好的环境，很大程度上就保障了人类的安全健康。因此，对于我们人类而言，作为地球环境中对其能动作用最大的生物群体，理当好好善待环境，积极保护环境。人类善待环境，环境就会善待人类，人类保护环境，其实就是保护我们人类自己。我们应该始终清醒地认识到，作为自然界发展到一定阶段的产物，作为自然界的有机组分之一，人类始终存在于自然之中而绝非之外。只有和谐相处，才能共存共荣。历史学家汤因比说过：人类如果想使自然正常地存续下去，自身也要在自然环境中生存下去的话，归根到底必须和自然共存。

中国有句古语叫天人合一，其意思就是指人类与自然环境之间和谐共处，有机统一。这是环境健康、人类健康两者最佳结合的一种平衡状态，也是人类共同追求的理想环境。然而，理想与现实往往相距甚远。人类在其发展的历史长河中，与环境的相处却并非总是和谐的、友好的，很多时候，作用的方式并不协调，两者之间的平衡常常会被打破。由于无知、自私和贪婪，人类在利用环境、改造环境时，很多时候都对地球环境造成了极大破坏，而由此造成直接后果——生态失衡。于是大自然给予了无情反击，各种灾难频发，无疑又给人类的生存健康造成巨大伤害。正如恩格斯的特别警告：不要过分陶醉于我们对自然界的胜利，对于每一次这样的胜利，自然界都报复了我们。翻开历史画卷，古巴比伦、古埃及、古中国等诸多古老文明，大多发源于水量丰沛、森林茂密、田野肥沃的地区。而生态状况的急转直下，也让巴比伦、玛雅等一度兴盛的文明，不断衰落，走向灭亡。我国小池文明的消失、楼兰国的消亡等，莫不如此。特别是进入工业文明以来，伴随着科学技术突飞猛进，改造自然能力的不断增强，加之人口的爆炸式增长，自我意识的极度膨胀，人类随心所欲地处理大量生态用地。一方面从环境中肆意掠夺各种生态资源，造成了资源大量消耗，导致生态系统极度退化甚至物种的消失，另一方面又向环境中不断输入大量废物，导致环境难以承载，不堪重负，不断恶化。引发水体富营养化、土壤重金属超标、以及空气中物化烟雾增加，各种环境污染问题屡见不鲜，更有全球范围的臭氧层破坏、温室效应加剧、厄尔尼诺等极端气候现象的出现以及洪涝、干旱等各种重大自然灾害的频繁发生，还有一天天逐渐上升的海平面……

这一系列环境问题不仅给人们带来了各种不适和疾病，严重影响了身体健康，甚至正一步步威胁着人类的生存。世界卫生组织报告指出， 全球范围内超过 90% 的人每天都在吸入较高浓度的污染物，糟糕的空气质量或是造成每年 700 万人死亡的“元凶”。联合国气候变化专门委员会（IPCC）2018 年 10 月更是重磅警告：全球升温幅度需控制在 1.5℃，否则地球在 2030 年之后会迎来毁灭性气候。也就是说留给我们人类的时间只有短短 12 年了。由此可见，环境与人类健康问题已成为全人类共同面对的严峻挑战。

环境可以造就人类，滋养人类，庇护人类的健康安全，但环境也可以给人类带来疾病与灾难，对人类造成损害乃至毁灭，正如习近平总书记指出："生态兴则文明兴、生态衰则文明衰。"自然是生命之母，人与自然是生命共同体，人类必须敬畏自然、尊重自然、顺应自然、保护自然。要坚持人与自然和谐共生，牢固树立和切实践行绿水青山就是金山银山的理念，动员全社会力量推进生态文明建设，共建美丽中国，让人民群众在绿水青山中共享自然之美、生命之美、生活之美，走出一条生产发展、生活富裕、生态良好的文明发展道路。

第二节　森林与人类健康

森林是人类文明的摇篮。在人类产生及其进化过程中，森林发挥了最为根本的作用。早期的原始文明，人类的祖先类人猿生活在森林中，是森林环境中的一员，以森林中的树木等为介质，类人猿首先得以完成了从地面爬行到直立行走的嬗变历程。其次，人类基于森林，以木为材，钻木取火，制造箭杈，狩猎捕鱼，这一系列突破性实践，不断颠覆着人类的生活，一次次极大地推动了人类智力及其文明的进化与发展。而不论远古还是现代，森林作为地球上最为庞大的能量转换体，能将无形的太阳能神奇地转化并固定为有形的生命能量，成为地球生命重要的支持系统，从而源源不断地为人类提供各种食物以及其他物质资源。

尤其是在茹毛饮血的人类早期，人类处于森林之中，完全属于森林，极度依赖森林，人类全部依靠森林环境及其提供的能量和营养繁衍生长。尽管后来人类走出森林，培育作物，饲养畜禽，对森林的直接依存逐步减少，但追根究底，森林仍是很多物质的重要源泉。可以说，森林环境及其所蕴含的物质和能量支撑了人类长久以来的生存发展，世代更迭、生生不息。

森林是陆地生态系统的主体。地球上广泛分布的大面积森林为各种动植物提供了适宜的繁衍栖息场所。从水热充沛的热带到极其寒冷的寒温带，森林类型多种多样，森林环境千差万别，各不相同的森林组成与结构及其所形成的各种环境，孕育了森林生态系统中各具特色、丰富多样的生物资源，由此构成了地球上极其宝贵的基因库。如上所述，这些资源为人类的生存健康提供了不可或缺的物质基础。但是，远非如此，森林对于人类生存健康的影响，同时还体现在森林所具有的各种各样、独特重要的生态功能。众所周知，森林能够影响全球气候变化，可以涵养水源、保持水土、防风固沙、防浪护堤等，在维持生态平衡、保护国土安全和人类生存安全方面具有不可替代的作用。森林还能够调温调湿，降低光照及紫外线强度，可以固碳释氧、产生更多的负氧离子，能够吸收多种有毒气体、释放有益的精油类成分并产生杀菌消毒效果，可以滞纳空气中的灰尘、减少空气中 $PM_{2.5}$ 等固体颗粒物浓度，还能吸收和阻隔噪声、降低噪声污染等，森林的这些作用有效改善了人居环境、提供了康养保健功能，从而对人们的身心健康产生十分积极的影响。

举几个例子。据WWF数据，亚马孙雨林储存着900亿~1400亿吨的二氧化碳，是这一导致地球升温的最主要温室气体的巨大沉积库，从而在全球气候调节中起到稳定器的重要作用。如果没有亚马孙雨林，地球温度将大幅上升，大量物种消失，人类将面临灭顶之灾。至于森林的康养功能更为人们熟知。早在唐代，药王孙思邈在其《千金翼方·退居》中就有“山林深处，固是佳境”之言。宋代《夷坚志》也记载了养生者享受“绿福”之乐。明代龚廷贤《寿世保元·延年良箴》明确提出：“山林逸兴，可以延年。”随着技术的不断进步，现代分析更是为此提供了科学证明。据测定，森林中富含一种对人体健康极为有益的物质——负离子，被喻为“蓝色维他命”和“空气长寿素”。它具有调节神经系统，促进血液循环，改善肺器官与心肌功能，降低血压，平稳呼吸以及提高人体免疫力等多方面作用。在城市室内每立方厘米一般只有几十个、几百个负离子，而在森林、山谷则多达数千乃至上万个。其次，森林中还含有大量的空气“杀菌素”，如杉、松等一些植物分泌的萜烯类和双萜类芳香物质。它们能够有效杀死空气中的伤寒、结核、痢疾等病菌。由于杀菌作用，在一些森林中，每立方米空气中这些病菌少至只有几十个，而在城市里的一些干燥无林处，病菌数量可能高达数百万个。在对 $PM_{2.5}$ 等污染物的消除方面，很多树种具有吸收二氧化硫和氮氧化物等有害气体作用。有研究表明，我国“三北”防护林工程对 $PM_{2.5}$ 的吸附和清除能力，2010 年比 1982 年增加了 30%。1999~2010 年，该工程清除我国北方的 $PM_{2.5}$ 达 3000 万吨。再次，森林的主色调绿色，被人类视为生命之色。绿色的环境能够减少人体肾上腺素的分泌，降低人体交感神经的兴奋性。它不仅能使人平静、舒服，而且还使人体的皮肤温度降低 1~2℃，脉搏跳动每分钟减少 4~8 次，能增强听觉和思维活动的灵敏性。实验证明，绿叶可以减少对人眼有害的紫外线，使眼疲劳迅速消失，精神爽朗。当绿色在人的视野中达 25%时，就可使人感觉非常舒适，而森林中的绿色比例远高于此。同时，森林的调温调湿、鸟鸣的天籁之声等都会令人舒适愉悦。除此以外，森林还能够净化水体，消减土壤重金属，为人类提供更为清洁的水源和健康的食物。今天“森林浴”“森林疗法”正在越来越多的地方开展，受到人们广泛接受。原国家林业局也明确提出发展森林康养、共享绿色红利，并已将森林康养纳入新时期林业工作重要议事日程。

关于森林各种功能及其对人类健康影响的具体内容和相关研究非常之多，这里不再赘述。仅由以上概述就足以看出，森林从方方面面塑造并深刻影响着自然环境大大小小的各种变化，也在不同程度上直接或间接影响着人类的生存健康，大至人类文明的起源，小到个体的疾病发生乃至瞬间体感的舒适与否等。因此，保护与发展森林，建立良好的森林环境，促进形成天更蓝、水更清、地更绿、空气更清新的自然生态，对人类的生存健康与文明进步将产生积极影响。

第二章

血吸虫病及其与环境的关系

第一节　血吸虫病流行及其对人类健康的危害

血吸虫病是人类社会的一大公害。“千村薜荔人遗矢，万户萧疏鬼唱歌”的悲惨景象在中华民族的历史上留下了深深的烙印。血吸虫病这种严重危害人民身体健康和生命安全、影响经济社会发展的重大传染病，曾给包括我国在内的世界人民造成了深重的灾难。世界卫生组织（WHO）1995 年统计，全球 75 个国家和地区流行血吸虫病，受威胁人口高达 6.25 亿，血吸虫病患者多达 1.93 亿。

我国是深受血吸虫病严重危害的国家，血吸虫病流行历史久远，据资料记载有 2000 多年时间，湖南长沙马王堆及湖北江陵凤凰山出土的两具西汉男、女古尸，经解剖检查，在古尸的肝脏、肠壁上发现有成群的日本血吸虫卵沉积附着，证明远在西汉时期，在长江流域已有日本血吸虫病流行。

血吸虫病在我国的流行范围极其广泛。流行区遍及长江流域及其以南广大地区——江苏、浙江、安徽、江西、湖南、湖北、四川、云南、福建、广东、广西及上海 12 个省（自治区、直辖市），同时，钉螺在流行区内大面积分布，新中国成立初期，有螺面积近 128 亿 m^2，广大流行区中到处存在着血吸虫病感染的风险。

血吸虫病的危害极其严重。据统计，新中国成立初期，我国受到血吸虫病危害的人数近1200万人。在一些严重流行区，血吸虫病常造成家破、人亡、村毁。江西省在1949年前40年间因血吸虫病流行，毁灭村庄1362个，死绝26000多户，死亡31万多人；湖北省阳新县在1949年前20年间，死于血吸虫病的有8万人；江苏省昆山县在1949年前30年间，有102个村庄被血吸虫病毁灭；湖南省汉寿县张家砥村，1929年有100多户人家，到1949年时，只剩下31个寡妇，12个孤儿，成了“寡妇村”；安徽省贵池县下碾村原有120户人家，1949年时已死绝119户，只剩下1户4口，其中3人患血吸虫病，户主因外出从事理发业而幸免。

血吸虫病危害的严重程度，正如毛泽东主席在《七律·送瘟神》诗词“后记”中写道“就血吸虫毁灭我们的生命而言远强于过去打过我们的任何一个或几个帝国主义。八国联军，抗日战争，就毁人一点来说都不及血吸虫。”因此，面对肆意危害的“小虫”，赶走“瘟神”，消灭血吸虫病，成为疫区广大群众长久以来的共同期盼和我国政府的重大关切。

新中国成立后，我国党和政府高度重视血吸虫病防治，始终将血吸虫病防治作为关系群众生命安全和社会经济发展的一件大事来抓。自从20世纪50年代党中央发出了“一定要消灭血吸虫病”的伟大号召，直到八九十年代的再次“送瘟神”，再到21世纪之初坚持不懈的血防工作，以及我国政府最新提出的“2030年全国所有流行县达到消除血吸虫病标准”的历史性任务。经过几十年来的艰苦努力，我国已有5个省市先后消灭了血吸虫病，其他有关省区疫情也都降至历史最低水平，血吸虫病防治取得了举世瞩目的巨大成就。

当前，我国血吸虫病防治工作正处于攻坚制胜的关键时期。面对取得的成绩，进一步巩固成果、完成消除血吸虫病的任务还相当艰巨。由于血吸虫病传播环节多，特别是现有疫区多是前期治理后剩下的难啃骨头，自然条件极其复杂，加之社会形势的不断变化以及环境因素的不确定影响，今后的防治工作难度将进一步加大。如何打好血吸虫病歼灭战，早日实现“将‘瘟神’危害群众扫进历史，还一方水土清净、百姓安宁”的目标，是新时期血防工作摆在我们面前的重大课题和历史责任。

第二节　血吸虫生活史及血吸虫病发生过程

所谓血吸虫病，就是指血吸虫寄生于人体而引发的疾病。在血吸虫的整个生活史中，成虫寄生于人体或其他哺乳动物中，幼虫寄生于钉螺体内。因此，血吸虫完成它的生活史必须通过宿主的更换，其需要两类宿主：一是脊椎动物（人或其他哺乳动物），被营有性繁殖的成虫所寄生，称为终末宿主；二是无脊椎软体动物（钉螺），被营无性繁殖的幼虫所寄生，称为中间宿主。有性繁殖和无性繁殖这两种方式相互交替进行，即世代交替。血吸虫生活史具体过程为：血吸虫病人或病畜从粪或尿中排出虫卵，如粪便污染了水，虫卵被带进水中，在水里孵出毛蚴。毛蚴能自由游动，并主动钻入在水中栖息的适宜钉螺，钻进钉螺的外露软体部位后，发育成母胞蚴在螺体内不仅进行一系列发育，而且还同时进行无性繁殖，产生子胞蚴。然后，子胞蚴再经过一次繁殖而产生大量的尾蚴。尾蚴离开螺体在水中自由游动，人因生产劳动、生活用水、游泳等活动与含有尾蚴的疫水接触后，尾蚴就主动钻进人体皮肤。进入皮肤后即转变为童虫，经过一定时间的生长和发育，最终在门静脉系统或膀胱、盆腔静脉丛中定居寄生，并发育成熟，雌雄成虫结伴合抱和交配产卵，卵再从患者的粪或尿中排出，如此反复。由此可见，血吸虫整个生活史包括：成虫——卵——毛蚴——胞蚴——尾蚴——童虫 6 个阶段。人体血吸虫病的发生，就是从尾蚴由皮肤钻进人体开始，血吸虫经过童虫、成虫、卵等几个阶段，均寄生于人体内，

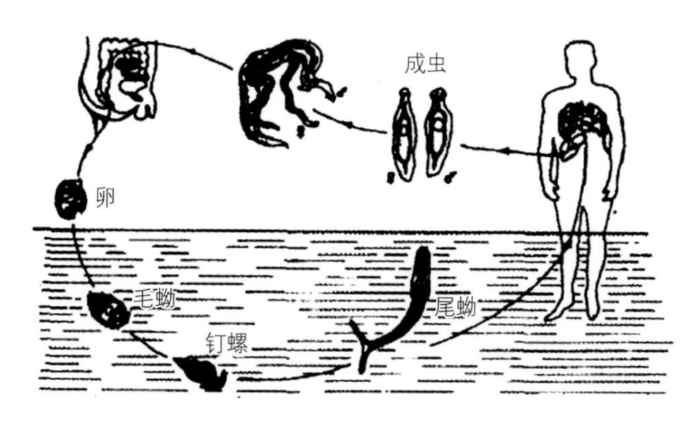

图 1
血吸虫生活史

从而对人体产生损伤而引起发热、肝脏肿大等疾病症状，也即人体感染了血吸虫病。

第三节　血吸虫病与环境的关系

为什么通过改善生态环境能够防控血吸虫病呢？这是因为血吸虫病是一种环境流行病，它的传播流行与环境之间有着十分紧密的关系。特定的自然环境为血吸虫病的发生发展提供了适宜条件。这其中除了血吸虫本身与水热环境关系密切外，还主要表现为日本血吸虫的唯一中间寄主——钉螺，与环境的影响高度相关。具体来看，钉螺的分布地区需1月份平均气温在0℃以上，年平均气温14℃以上，年降水量750mm以上；钉螺交配的最佳温度为15~20℃，高于30℃或低于10℃不宜交配，而其交配喜在近水的潮湿泥表，水中很少，干旱地面则不进行交配；钉螺产卵的最佳温度为20~25℃，小于8℃则受到抑制，螺卵必须在潮湿泥面，有泥皮包被，水中或干燥处均不能产卵，黑暗中也较少产卵；生长发育的最佳温度20~27℃左右，高于38℃或低于11℃时受阻，半致死低温为−2~−3℃，高温为40℃；幼螺出生后前3周生活于水中，后渐营陆上生活，幼螺喜水，成螺喜湿，土壤干燥对钉螺孳生不利，而水淹时间超过8个月钉螺也难以生存。另外，光照方面，钉螺适宜的照度为3600~3800lx，高于此表现为背光，低于此表现为趋光；夏季阳光照射无草覆盖的地面8小时，或长时间无光，钉螺都会死亡。从图2、图3及表1可清晰看出，

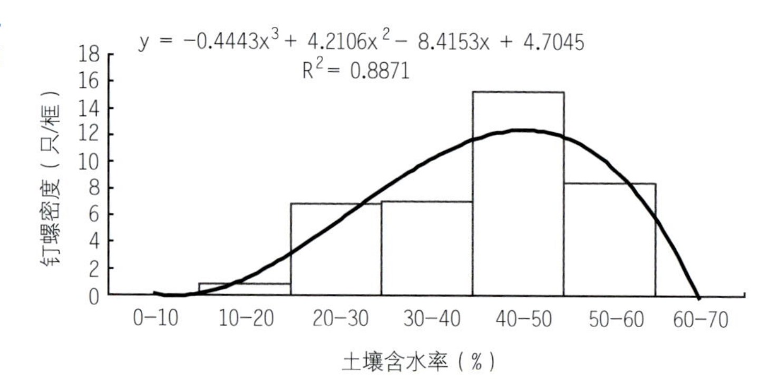

图 2
不同土壤水分含量的钉螺密度

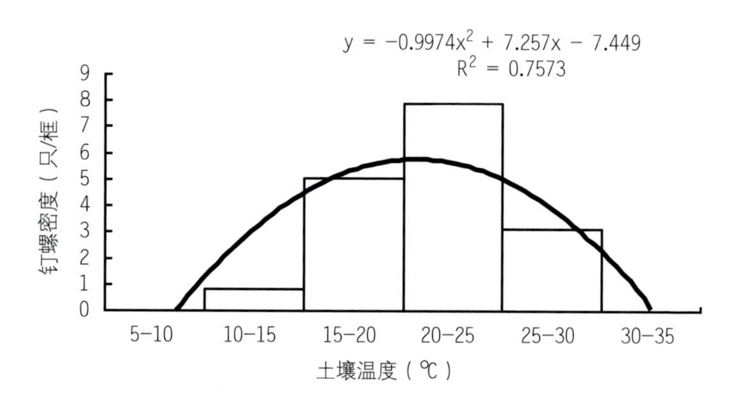

图 3
不同土壤温度下的钉螺密度

土壤的一些环境参数对钉螺种群的密度具有显著影响。

在各种物理环境因子中，比较而言，对钉螺影响最直接、最重要的因子是水分和温度，诸如每年河湖水位的涨落状

表 1　土壤理化性质与钉螺分布

土地利用覆盖类型 类别指标		耕地	林地				果园	荒地	河滩地	沟渠
			竹林	针叶林	阔叶林	针阔林				
土壤水分物理性质	水分（%）	30.53	28.60	15.40	29.50	17.10	18.10	17.90	27.08	16.60
	容重（g/cm^3）	1.289	1.40	1.442	1.348	1.301	1.533	1.433	1.312	1.801
	毛管持水量（%）	35.73	30.60	25.37	34.30	33.20	23.40	25.25	31.75	17.50
	总孔隙率（%）	51.40	47.20	45.59	49.10	50.90	42.10	45.90	50.51	32.10
	毛管孔隙率（%）	45.87	42.80	36.42	46.20	42.80	35.90	35.20	41.78	31.60
	非毛管孔隙率（%）	5.50	4.40	9.17	3.00	8.10	6.20	10.70	8.73	0.50
土壤养分指标	pH	6.39	8.41	5.70	7.02	5.90	8.30	8.25	8.05	8.41
	有机质（g/kg）	25.09	19.71	16.18	42.3	23.94	10.33	20.09	19.49	10.34
	全 N（g/kg）	0.27	0.74	0.07	0.09	0.07	0.61	0.52	0.56	0.54
	全 P（g/kg）	0.57	0.52	0.17	0.20	0.34	0.75	0.50	0.50	0.39
	全 K（g/kg）	15.17	15.09	12.46	11.64	10.46	14.86	17.26	19.92	13.95
土壤机械组成	2.0~1.0mm（%）	0.08	0.50	0.03	0.01	0.09	0.01	0.01	0.03	0.02
	1.0~0.5mm（%）	0.28	0.92	0.10	0.08	0.28	0.07	0.05	0.06	0.03
	0.5~0.25mm（%）	0.40	1.98	3.25	2.83	1.49	1.54	0.34	0.22	1.37
	0.25~0.05mm（%）	13.62	32.02	52.74	53.20	26.91	41.24	36.32	5.27	55.45
	0.05~0.02mm（%）	15.40	18.58	9.72	10.24	17.92	16.30	10.36	12.51	6.15
	0.02~0.002mm（%）	41.93	24.48	15.00	15.77	27.57	18.75	26.31	47.85	18.86
	<0.002mm（%）	28.29	21.52	19.16	17.87	25.77	22.09	26.61	34.08	18.12
螺情	活螺框出现率（%）	48.89	0	0	0	0	0	36.36	45.83	42.88
	钉螺密度（只 /$0.11m^2$）	11.70	0	0	0	0	0	3.23	13.52	12.16

况，一些大大小小的沟渠、水库等工程建设所引起的水环境变化，以及地面状况改变所引起的地表温度变化，乃至全球气候变暖这样大尺度的改变等，都会影响钉螺的分布与活力。

钉螺不仅仅受物理环境的影响，生物因素对钉螺同样具有重要作用。例如，钉螺所栖息的生态系统中，土壤中藻类含量、钉螺捕食者的数量。特别是在林业血防中极为关注的植物种类的状况，是否存在对钉螺具有化感作用的植物等因素，对钉螺种群的繁衍消长都有着极其深刻的影响。

世界卫生组织在一份关于千年生态系统评估的报告中对诸多流行病进行了比较，指出血吸虫病与环境变化的敏感性和一致性均达到最高水平，是所有疾病中受生态环境影响最为显著的流行病之一（见表2）。

而从血吸虫的生活史可知，由于钉螺是日本血吸虫的唯一中间寄主，血吸虫必须经过在钉螺体内的寄生，进行无性繁殖，才能完成其整个生活史，实现世代交替。所以钉螺是血吸虫病流行的重要一环，一旦没有钉螺，血吸虫将无法完成其整个生活史，不可能进一步繁殖生存。也即，没有钉螺，就没有了血吸虫，显然也不可能再有血吸虫病。可见，钉螺的有无，决定了血吸虫病的有无，钉螺的分布范围及其种群密度，在很大程度上直接影响着血吸虫病的流行范围与流行程度。

表 2　不同传染病对环境变化的敏感性

Disease	DALYs[a] (thousand)	(Proximate) Emergence mechanism	(Ultimate) Emergence driver	Geographical distribution	Sensitivity to ecological change	Confidence level
Malaria	46 486	niche invasion, vector expansion	deforestation, water projects	tropical (America, Asia and Africa)	+ + + +	+ + +
Dengue fever	616	vector expansion	urbanization, poor housing	tropical	+ + +	+ +
HIV	84 458	host transfer	forest encroachment, bushmeat hunting, human behaviour	global	+	+ +
Leishmaniasis	2090	host transfer, habitat alteration	deforestation, agricultural development	tropical Americas, Europe and Middle East	+ + + +	+ + +
Lyme disease		depletion of predators, biodiversity loss, reservoir expansion	habitat fragmentation	North America Europe	+ +	+ +
Chagas disease	667	habitat alteration	deforestation, urban sprawl and encroachment	Americas	+ +	+ + +
Japanese encephalitis	709	vector expansion	irrigated rice fields	south-east Asia	+ + +	+ + +
West Nile virus and other encephalitides				Americas, Eurasia	+ +	+
Guanarito, Junin and Machupo viruses		biodiversity loss, reservoir expansion	monoculture in agriculture after deforestation	South America	+ +	+ + +
Oropouche / Mayaro viruses in Brazil		vector expansion	forest encroachment, urbanization	South America	+ + +	+ + +
Hantavirus		variations in population density of natural food sources	climate variability		+ +	+ +
Rabies		biodiversity loss, altered host selection	deforestation and mining	tropical	+ +	+ +
Schistosomiasis	1702	intermediate host expansion	dam building, irrigation	America, Africa, Asia	+ + + +	+ + + +

[a]Disability-adjusted life years. [b] Both cholera and cryptosporidiosis contribute to the loss of nearly 62 million DALY's annually from diarrhoeal diseases.
Key: + = low; + + = moderate; + + + = high; + + + + = very high.

由于钉螺与环境之间有着紧密的关系，而钉螺又是血吸虫病发生的必要条件，由此决定了血吸虫病是深受环境条件影响的流行病。也正是由于这样一种关系，为林业在血吸虫病防控中发挥积极作用提供了可能。

第三章

林业血防本质及其防治策略

第一节　林业血防的本质解析

林业血防，是指研究与应用林业生态措施有效控制血吸虫病流行的一切理论与实践活动的总称。

其实，从上文中已经对林业血防有一个较为清晰的理解了。为什么林业具有防控血吸虫病的作用，主要的内在关系就是森林—环境—钉螺—血防。很显然，森林具有许多极其重要的生态功能，林业在环境方面能够发挥巨大作用。通过环境这个桥梁，林业与血吸虫病，看似遥不可及的两者之间很自然地联系在了一起（见图 4）。

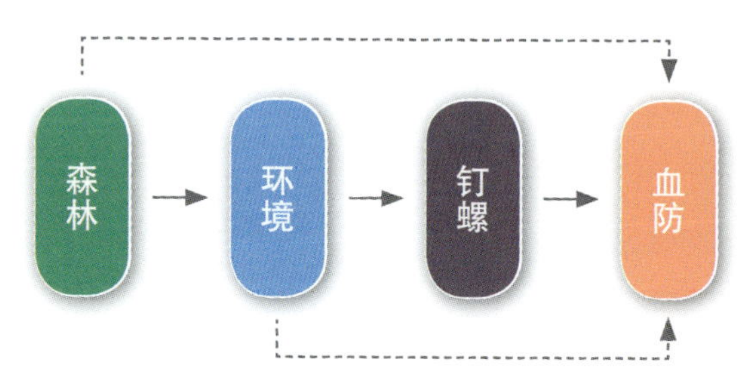

图 4
林业防控血吸虫病示意图

通过建设森林，改变环境，在科学设计、精准调控下，驱动森林生态系统中生物或非生物环境因子朝向不利于钉螺孳生的方向演变，从而抑制钉螺生长发育，切断血吸虫繁衍链条，最终达到有效防控血吸虫病流行的目的。构建森林环境，生态防控疾病，这就是林业血防最为核心的本质所在。

当然，森林的作用是多方面的。林业血防在有效控制钉螺的同时，其在传染源防控、易感人群保护方面也发挥了积极作用。具体情况下文另述。

林业血防主要是通过开展血防林营造、改善血吸虫病疫区生态环境，从而达到防控血吸虫病效果。所谓血防林，是指以防控血吸虫病流行为主要目的、兼具其他功能的一类防护林，又称抑螺防病林。由此可见，血防林具有自身明确、特定的目标，即防控血吸虫病，这与其他森林类型有着本质区别。而血防林这个特定目标的实现路径主要就是改善生态环境。

第二节　防控策略及其路径

林业血防防控策略的科学确立，一方面要深刻认识血吸虫病的流行规律。要全面了解血吸虫、中间宿主——钉螺、终宿主—人、牛等每一方面的具体特点及其在血吸虫病流行的整个链条中所起的作用，以及自然、社会等诸多因素对血吸虫病流行所具有的影响。另一方面，要充分考虑并结合林业的多种功能及其特点。在针对这些因素进行全面分析的基础上，林业血防确立的血吸虫病防治策略是：以抑制钉螺为核心，以控制传染源、保护易感人群为辅助，科学治理，生态防控。具体的防控路径表现为：改良生态环境，有效抑制钉螺；构筑生态屏障，切实阻断虫源；发展生态经济，改善群众生活。

上述策略所包括的三条路径中，改良生态环境，有效抑制钉螺，是林业血防的核心策略、首要路径；与此同时，林业血防在阻断虫源、隔离传染源，以及提高群众收入、促进健康的生产生活方式等方面，也能够发挥积极作用，而且在有些情况下，这些作用十分显著，从而进一步增强血吸虫病防控效果。因此，构筑生态屏障，切实阻断虫源；发展生态经济，改善群众生活，这两个路径也是林业血防策略十分重要的组成部分。三条路径的有机结合，形成了林业血防独具特色、系统科学的血吸虫病防控策略。

第三节　防控路径的具体内涵及作用机理

如上所述，林业血防的三条防控路径各不相同，主要表现在每一条路经都有特定的作用目标，以及各自的作用方式。下面就每条路经的具体内涵进行深入剖析，全面揭示林业血防的作用机理。

一、防控路径一：改良生态环境，有效抑制钉螺

作用对象——钉螺，这是林业血防的第一防控目标。

作用方式——通过环境因子的改变抑制钉螺的孳生。

作用机理——

第一，非生物因子的变化对钉螺产生抑制作用。

营建血防林时，林分内的各种非生物因子较之造林前将会发生显著变化。例如，进行林地平整、沟渠建设等可导致低洼积水的消除、表层土壤湿度的下降；在挖穴填土、开沟抬垄的同时可将钉螺在土层下深度覆埋；进行林地清理翻垦、栽植林木等可使地表的光照强度、地表或土壤温度发生大幅增加或减少等。正是通过血防林建设，将水、土、光、温等非生物因子有针对性地加以调控，使这些环境因子由造林前的适宜向造林后的不适宜方向转变，从而对钉螺孳生产生不利影响。

第二，生物因子的变化对钉螺产生抑制作用。主要体现在两个方面：

1. 植物的化感作用抑制钉螺。血防林建设时，利用植物化感作用原理，有目的地选择植物材料，如在长江中下游湖区五省的滩地疫区，选择应用耐水湿的重阳木、枫香、乌桕、枫杨、益母草、紫云英等植物，在云南、四川高原山丘疫区，选择核桃、巴豆、香樟、桉树、花椒、香根草等植物，这些植物能够在体内代谢产生对钉螺具有抑制作用的一些活性化学物质，当这些活性物质由植物体内分泌释放到林地环境中，将起到抑杀钉螺的效果。

同时，进一步利用这些高效抑螺植物的器官或其活性物质，研发创制生物抑螺剂或抑螺肥，对于进一步实施沟渠、水稻田等特殊困难地带灭螺，全面压缩钉螺面积、提升抑螺效果具有重要作用。

在我国林业血防建设新的阶段，这种生物抑螺技术作为林业血防的独特优势，应进一步加大推广应用力度。

2. 利用食物链关系控制钉螺。通过钉螺在食物链中的位置及其上、下级的分析，在有钉螺孳生的环境中，一方面引入或增加钉螺上一级的相关生物的种群数量，加大对钉螺的捕食消耗。例如鸡、鸭、青鱼等都是钉螺的捕食者，通过开展多种经营，将这些生物因地制宜地引入林下发展养殖，可以捕食一定数量的钉螺，从而降低钉螺种群密度。另一方面，减少食物链中钉螺下一级的相关生物的种群数量，限制钉螺的食物来源。血防林建立后，通过林地经营管理，林下环境的变化，有些钉螺可食的藻类等成分减少，导致钉螺食物不足，营养缺乏，从而抑制了钉螺的生长发育。

二、防控路径二：构筑生态屏障，切实阻断虫源

作用对象——重点是牛，血吸虫病的主要传染源。

作用方式——通过对主要传染源牛实施控制隔离，避免大量血吸虫卵污染环境以及牛的再感染。

作用机理——血吸虫卵通过人、畜的粪便排出体外。实际情况下，能够进一步发育并寄生于钉螺中的血吸虫，其来源基本都是野外放养的牛。因此，控制了牛，很大程度上就控制了血吸虫虫卵，即控制了病原体——血吸虫。

首先，血防林建立后，由于种植结构的调整，人们放弃了最主要的传染源——耕牛的使用，如山丘区农地实施退耕还林，开展一些特色经果林经营，不再需要耕牛进行耕种；其次，造林后，大面积的林分，形成了一道天然屏障，加之林农们为了减少牛对林木造成的损伤，加大了看管力度，以阻止牛进入林地；再次，血防林建设中开展了隔离栏、隔离沟等辅助工程建设，有效阻止了牛的进入。

血防林从以上三个方面起到了有效隔离牛这一主要传染源的作用，控制了血吸虫虫卵。没有了血吸虫，就没有了血吸虫病，由此发挥了血吸虫病防控效果。

三、防控路径三：发展生态经济，改善群众生活

作用对象——人，易感人群。

作用方式——通过促进生产生活方式的转变，从多方面减少了人的感染机会。

作用机理——体现为促进形成更加良好的健康意识和行为方式。

血吸虫病流行不仅与自然环境关系紧密，在一定程度上与社会经济发展水平、特别是人的生产生活行为方式也密切相关。尽管我们在这里主要强调的是自然环境对血防的作用，但社会经济状况对疾病及健康的影响显然也很重要，在此有必要作一下解释。林业血防工程建设，通过以林为主、林农副渔等多种经营，大力发展绿色产业，不仅使环境更加优美，而且调整了产业结构，提高了土地生产力，促进了经济发展，增加了农民收入。随着生活水平的不断提高和人居环境的明显改善，疫区群众在环境卫生、健康保护意识以及生产生活行为方式上也会随之改变，例如生活方面，由原来野外用水转变为用上经过处理、没有血吸虫的自来水，由原来不良的卫生习惯转变为更加规范健康的厕所及粪便管理等卫生方式；生产方面，机械化集约经营替代人力、耕牛的小农耕作，以及各种道路建设、土地标准化整治直接对环境质量的提升等。因此通过血防林建设，有助于促进农民增收和地方经济发展，并且能够在不同程度上推动上述方方面面进一步发生转变，带动群众逐步形成更加良好的健康意识和行为方式，从而极大地减少疫区群众感染血吸虫病的机会。

第四节　血防林的防控特点

一、生态性

林业血防是通过林业生态工程建设，采取营造抑螺防病林等综合措施，建立以林为主的复合生态系统，改变钉螺孳生环境条件，抑制钉螺孳生来防控血吸虫病。与传统的药物灭螺等技术相比，抑螺防病林的建立，充分发挥了生物抑螺、生态抑螺的独特优势。不仅有效地抑制了钉螺的生存繁衍，而且改善了生态环境，变环境污染性灭螺为环境友好性抑螺。林业血防工程通过抑螺防病林建设，对于维护疫区生态安全、提升疫区环境质量具有重要作用，是疫区生态建设的重大任务和根本需求。因此，林业血防是生态型血防。

二、长效性

树木的多年生、长寿命，林业的长周期特点决定了林业血防作用的长效性和可持续性。抑螺防病林一旦建立，其所形成的生态环境，可长期发挥作用，产生持续抑螺防病效果，对于现阶段血防攻坚和以后长时期的巩固血防成效，直至彻底消灭血吸虫病的根本目标至关重要。因此，林业血防是我国血防实现“持续防治”的一条根本有效途径，具有显著的长效性特点。

三、多效性

从工程效益和运行机制来看，林业血防既能够抑螺防病，又具有良好的生态、经济收益，是新型的多功能高效林业、高效血防。它不仅直接关系到抑螺防病、保障生命健康，也关乎生态安全、环境改善，还事关生活质量提高、经济发展。林业血防本身充分彰显了以人为本、持续发展的情怀和理念，是名副其实的民生工程。林业血防工程建设，对于疫区民生改善和社会进步有着重大现实需求和持续推动作用。

四、预防性

由于林业血防所具有的生物抑螺和生态控螺的特性，在一些具有钉螺生存繁衍条件的潜在风险区域，通过开展兴林抑螺的试验和示范，能够为这些地区带来有效的预防性措施，最大限度地减少这些地区钉螺蔓延的风险，从而产生“有螺抑制繁衍、无螺改善生态”的良好预防效果。

林业血防有着自己鲜明的特点与独特优势。因此，大力倡导林业血防的生态血防理念，充分发挥林业血防的长效性、多效性、预防性以及生态性作用，这不仅符合疫区小康社会建设以及民生、生态建设的现实需要，也完全符合血防新形势下巩固提升血防效果、消除血吸虫病的目标要求。

第四章

林业血防关键技术

第一节　技术类型

血防林目标的特殊性，决定了它的经营管理有着自身一系列独特的技术措施，这些措施中有生物的，有工程的，有直接的，也有间接的，不管怎样，它们都在不同方面、不同阶段发挥了血吸虫病防控作用，共同构成了血防林建设的技术体系。总体来说，林业血防技术可划分为以下几类：

一、按技术的作用途径划分

传染源控制：通过禁止牛、羊等家畜进入有螺地带从而防控血吸虫病的技术途径。具体包括护栏隔离、沟渠隔离以及林带隔离等技术措施。

钉螺控制：通过生境改造等抑制钉螺孳生从而防控血吸虫病的技术途径。

二、按技术的性质划分

生态防控：通过建立血防林，形成新的森林环境，有效改善生态（这里主要是指各种非生物环境因子的改变），从而达到控制血吸虫病的技术方法。

生物防控：利用生物因子的作用抑制钉螺孳生，进行血吸虫病防控的技术方法。主要包括植物抑螺、微生物抑螺、动物抑螺。其中：

——植物抑螺：通过植物自身释放的化感物质等作用以抑制钉螺孳生的技术方法。

——微生物抑螺：通过微生物对钉螺的不利影响以抑制钉螺孳生的技术方法。

——动物抑螺：通过禽、鱼等食螺，以及螺类之间竞争作用等抑制钉螺孳生的技术方法。

对于生物防控，在植物抑螺、微生物抑螺基础上还可以进一步衍生出生物抑螺剂抑螺——利用抑螺植物、抑螺微生物以及抑螺活性成分等材料进一步加工而成的生物抑螺剂进行抑螺。这些生物抑螺剂又分为：

——单一型抑螺剂：利用单一抑螺成分加工而成的抑螺剂。

——复合型抑螺剂：利用两种及以上抑螺成分加工而成的抑螺剂。

物理防控：采用设置隔离栏等隔离传染源或利用沙土直

接覆埋钉螺等措施，进行血吸虫病防控的技术方法。

三、从技术对生态因子的影响划分

水分控制： 利用水分的变化来防控血吸虫病。具体包括水淹法、水改旱法、排水法等。

光温控制： 利用夏季强光高温、冬季低温等作用抑制钉螺、防控血吸虫病。

改土控制： 通过吹填泥沙等措施改变土壤状况来防控血吸虫病。

食物链调控： 通过引入食螺动物或减少钉螺食物等来防控血吸虫病的技术方法。

四、从技术表现的状态划分

暴露法： 通过清杂、耕翻等措施使钉螺暴露于地表受到夏季强光高温或冬季低温等因素影响而不利于其孳生的技术方法。

覆盖法： 利用地被植物、凋落物以及沙土、刈割的青草、作物秸秆、地膜等其他材料覆埋钉螺而不利于其孳生的技术方法。根据覆盖方式及材料不同可分为：地被植物覆盖、凋落物覆盖、沙土覆盖、硬化覆盖、地膜覆盖、沟面遮盖等。

第二节　关键技术

从上面的技术分类中，大致可以看出血防林建设管理的技术措施有很多，而且有些技术是血防林特有的，同时针对不同环境条件、不同时间阶段、不同种植材料等情况所采用的具体技术也不尽相同。为了让我们在开展血防林建设时能够更好地把握重点，做到事半功倍，这里对血防林建设的各方面技术进一步加以归总提炼，对以下几个方面重点或关键技术环节进行深入分析。

一、*滩地造林地及耐水湿材料选择*

造林地及耐水湿材料选择是决定滩地血防林成功与否的基本前提。

选择的造林地，首先须是血吸虫中间宿主钉螺的分布区或潜在分布区，同时也应是规划允许并适宜造林的地带。

对于江河湖滩地，是不是适宜造林，必须要考虑的一个特殊因素是水淹。滩地作为一种水陆交错的过渡地带，具有季节性水淹的独特现象，这是与其他造林地最大的不同之处。因此，在这些滩地进行造林，水淹是最大的限制条件，淹水状况，将关系到树木能不能成活，从而直接决定着造林的成败。同时，由于滩地一般横向梯度特征极为明显，即使同一块滩地淹水状况也可能差异显著，而淹水时间越长，淹水深度越高，对树木的生长就越不利。更何况目前耐水湿的树种并不多，能够真正用于滩地造林的极其有限，这实际上也进一步增加了滩地造林的难度。因此，耐水湿树种选择是目前滩地造林急需研究解决的重点内容。已有研究指出，一般要求滩地的常年最长淹水时间不超过 60 天，常年最高淹水深度不高于 3m。只有在这样的滩地上，才有可能成功造林。

以目前滩地造林最主要的树种杨树为例，在对洞庭湖区大量现场调查及分析的基础上，得出如下结论：年均淹水天数 65 天以上的滩地类型杨树的生长势总体很差，且保存率不高，已不适宜一般造林。洞庭湖滩地主要立地类型及其质量评价的具体研究结果见表 3。

为加大造林树种选择应用力度，进一步筛选了一些树种开展了水淹逆境的光合生理生化响应研究，并进行了野外栽培试验，取得了初步成果。以枫香为例，其光合生理生化测定显示，从荧光成像图，以及 PSII 实际光化学效率（Fv'/Fm'）等指标，可以看出枫香在水淹下，尤其是随着时间的增加，光合作用受到了明显影响，荧光减弱，光合能力下降。但在

表 3　洞庭湖滩地杨树主要立地类型及其质量评价

编号	立地类型			6 年生林分优势高（m）	立地指数
	淹水天数（X_1）（d）	土壤容重（X_2）（g/cm^3）	排水状况（X_3）		
1	<25	<1.30	较好	20.18	20
2	<25	<1.30	一般	19.56	20
3	<25	<1.30	较差	18.97	18
4	<25	1.30~1.40	较好	18.37	18
5	<25	1.30~1.40	一般	17.75	18
6	<25	1.30~1.40	较差	17.16	18
7	<25	≥1.40	较好	17.72	18
8	<25	≥1.40	一般	17.10	18
9	<25	≥1.40	较差	16.51	16
10	25~40	<1.30	较好	18.70	18
11	25~40	<1.30	一般	18.08	18
12	25~40	<1.30	较差	17.49	18
13	25~40	1.30~1.40	较好	16.89	16
14	25~40	1.30~1.40	一般	16.27	16
15	25~40	1.30~1.40	较差	15.68	16
16	25~40	≥1.40	较好	16.24	16
17	25~40	≥1.40	一般	15.62	16
18	25~40	≥1.40	较差	15.03	16
19	40~65	<1.30	较好	18.26	18
20	40~65	<1.30	一般	17.64	18
21	40~65	<1.30	较差	17.05	18

（续表）

编号	立地类型			6年生林分优势高（m）	立地指数
	淹水天数（X_1）（d）	土壤容重（X_2）（g/cm^3）	排水状况（X_3）		
22	40~65	1.30~1.40	较好	16.45	16
23	40~65	1.30~1.40	一般	15.83	16
24	40~65	1.30~1.40	较差	15.24	16
25	40~65	≥1.40	较好	15.80	16
26	40~65	≥1.40	一般	15.18	16
27	40~65	≥1.40	较差	14.59	14

热耗散以及超氧化物歧化酶（SOD）清除活性氧等保护机制的作用下，枫香实际光化学效率仍在0.50~0.55，由此关键指标值判定，枫香具有较强的耐水淹性能（图5~图8）。

通过野外栽培试验，以及前期相关研究结果，初步可以得出枫香、重阳木、中山杉、池杉、乌桕、枫杨、香樟、美国薄壳山核桃都具有一定的耐水淹性能。其中，重阳木、中山杉在水淹80天左右的低位滩地仍具有很强的适应性，耐水

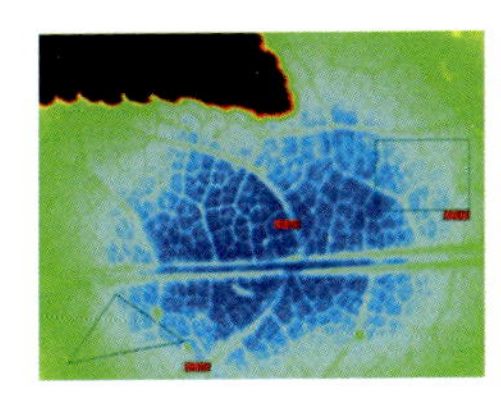
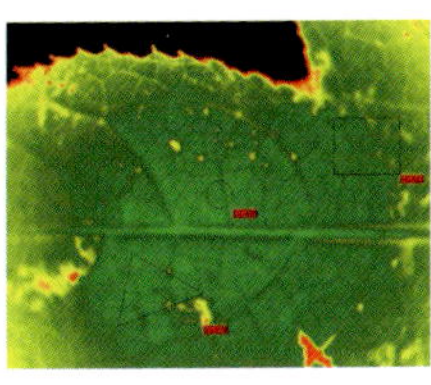
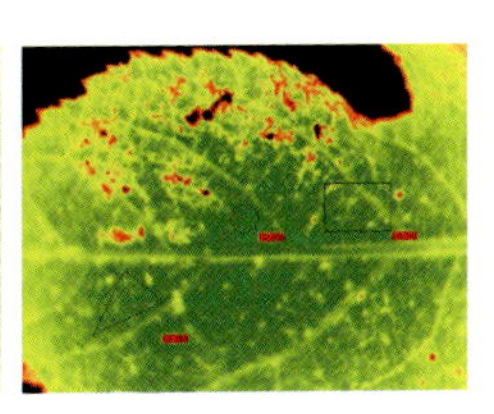

图5
枫香叶片不同水淹情况下荧光成像

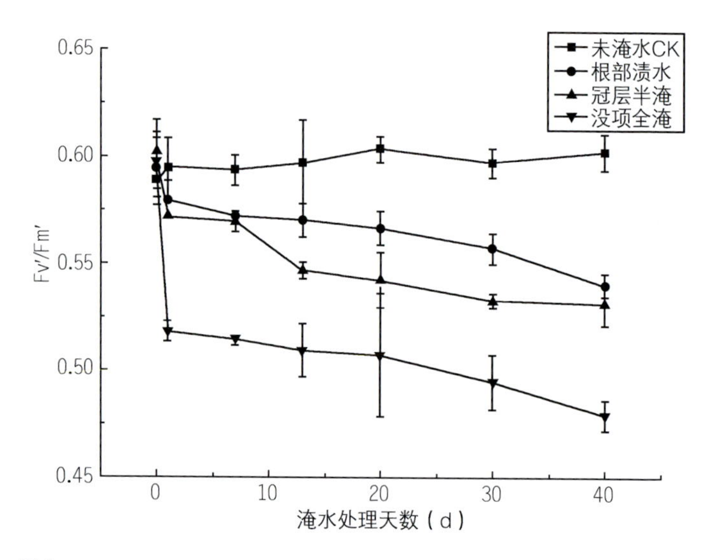

图 6
不同水淹状况对枫香实际光化学效率的影响

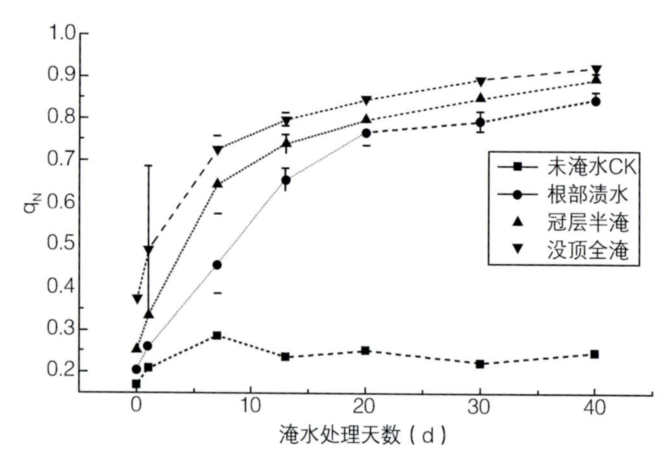

图 7
不同水淹状况对枫香叶片 q_N 的影响

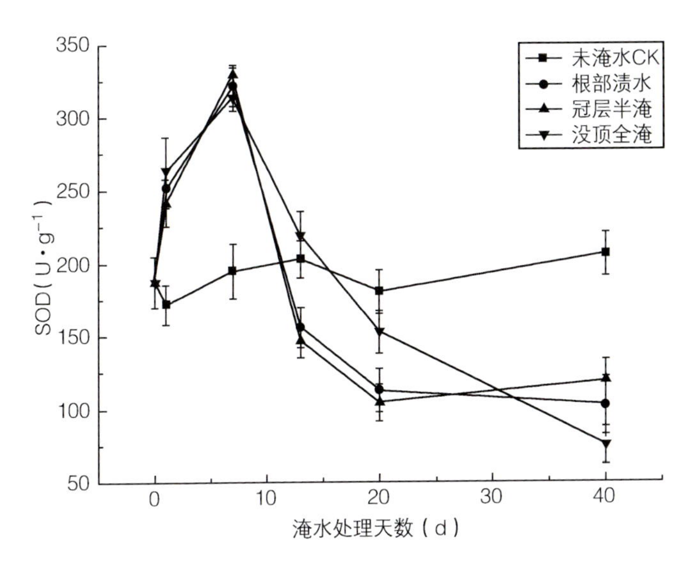

图 8
不同水淹状况对枫香叶片超氧化物歧化酶（SOD）活性的影响

淹最强，枫香、池杉、乌桕能够较好地适应中滩环境，也具有良好的耐水淹性能，枫杨、香樟、美国薄壳山核桃则主要适宜短时间水淹的高位滩地（表 4）。

总体来看，这几个树种耐水湿性能有一定差异，但在各自适宜的条件下，都能在滩地上良好生长。今后随着这些材料的进一步研究应用，特别是一些乡土树种的推广应用，对于提高滩地血防林的多样性和稳定性，将起到积极的促进作用。

表 4　安庆新官洲滩地各树种年度成活率（%）

树种名称	造林后第一年			造林后第二年			造林后第三年		
	高	中	低	高	中	低	高	中	低
垂柳	—	98.3	97.8	—	95.7	93.0	—	95.7	93.0
枫香	98.6	95.4	74.3	98.5	93.2	54.1	98.5	91.4	—
重阳木	100	97.7	96.8	100	97.7	96.8	—	—	—
中山杉	97.6	96.8	95.7	97.6	96.8	95.7	—	—	—
乌桕	91.6	—	—	85.7	—	—	—	—	—
香樟	100	—	—	100	—	—	—	—	—
枫杨	89.3	—	—	84.1	—	—	—	—	—
杨树	100	100	83.6	100	100	83.6	100	100	83.6
池杉	—	—	75.2	—	—	75.2	—	—	75.2
美国山核桃	95.0	—	—	92.0	—	—	—	—	—

注：高——淹水深度约 0.5m、时间约 30d 的滩地，中——淹水深度约 1m、时间约 60d 的滩地，低——淹水深度约 2m、时间约 80d 的滩地。

二、山丘区小流域综合治理技术

实施小流域综合治理是山丘区全面消除血吸虫病的关键所在。

在山丘型血吸虫病流行区，钉螺的分布基本表现为以小流域为单元的空间格局。（图 9、图 10）与大面积开放的滩

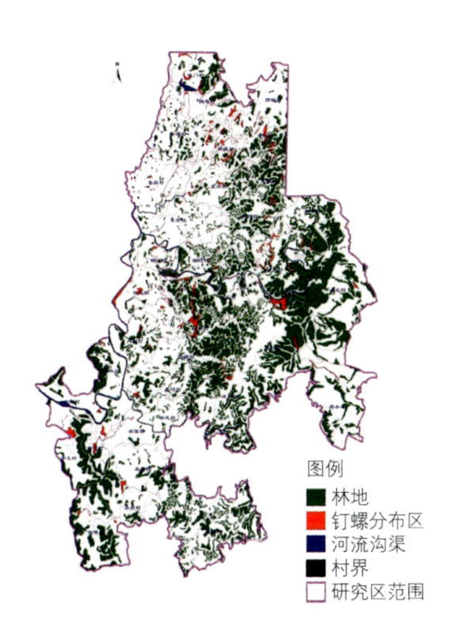

图 9
四川仁寿县俪江河流域钉螺分布

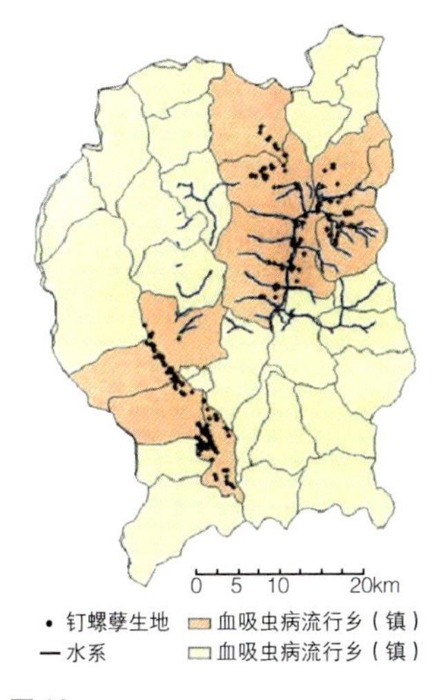

图 10
四川普格县钉螺孳生地分布的集水区特征

地钉螺分布相比，山丘区钉螺分布明显具有相对封闭的特点。因此，对于山丘型疫区而言，确定以整个小流域为对象，实施流域内有螺环境综合治理，能够实现全面控制钉螺，并有效控制传染源，这是山丘型疫区彻底防控血吸虫病的最佳对策。

在山丘小流域内，空间异质性较大，地类较为多样，这其中钉螺分布的主要地类首先是水田。由于山丘区水田多为人为开垦的坡地，而且面积较小、较为破碎，难以实施机械耕作，长期以来基本都是采用传统的耕牛耕作方式，这样一方面可能导致病牛将粪便及血吸虫虫卵排入田中，从而感染钉螺；另一方面可能致使人畜接触到田里的疫水，感染血吸虫。因此，山丘区有螺水田及其耕作方式，是当地血吸虫病发生的最重要因素。

针对有螺水田，退田还林是最为有效的防控技术。通过将水田退改为旱地，并选择高效的植物材料进行造林，这样既改变了环境，又调整了产业结构，转变了生产方式；既抑制了钉螺，又控制了传染源；既防控了血吸虫病，又能够取得良好的生态经济效益。云南、四川山丘型疫区，通过退田后因地制宜积极发展核桃、花椒、桑树、柑橘等经济林，钉螺得到彻底控制，特色产业不断发展，收到了非常好的效果。因此，退田还林，是水田钉螺较多的山丘型疫区最关键、最实用的一项防控技术。

山丘型疫区钉螺分布第二类典型环境是溪渠。流域内小溪、沟渠是钉螺分布相对集中地带，而且在山丘区，钉螺多是沿着溪沟、水渠不断移动，成为钉螺迁移扩散的主要通道。对于溪渠，林业血防主要采取栽植抑螺植物材料，同时可结合喷洒生物抑螺剂，另外，也可根据情况实施薄膜覆盖、沟渠硬化等措施，以起到良好的抑螺效果。

山丘区孳生钉螺的其他环境还包括一些地方可能存在的水浸坡。这类坡面造林要进行全面清杂，并根据坡度等状况进行全垦整地、局部整地以及坡改梯等，整治后达到坡面平顺，再根据选择的植物材料及设计的模式进行合理栽植。

三、生物抑螺防控技术

生物抑螺防控技术是林业血防技术体系中的核心与灵魂。

生物抑螺防控技术是极具特色的一项血防技术，也是林业血防的技术关键。如前所述，生物抑螺防控技术是利用生物因子的作用抑制钉螺孳生，从而进行血吸虫病防控。主要包括植物抑螺、微生物抑螺、动物抑螺。目前研究与应用较多的是植物抑螺，这里就此方面作进一步重点介绍。

植物抑螺是利用植物释放的化感物质抑制钉螺孳生。植物抑螺途径主要有两种，一是栽培利用，即将抑螺植物因地制宜地栽植在适宜钉螺孳生的环境来抑制钉螺，这是最为直接的、也是最主要的植物抑螺利用方式，由于树木具有多年生、周期长的特点，因此通过选择抑螺植物进行造林，能够形成一次栽植、年年抑螺的环境，具有持续的防控效果。二是抑螺剂应用，即利用抑螺植物或其抑螺活性成分等材料进一步加工而成的生物抑螺剂进行抑螺。这种方式，具有灵活、集中、高效的特点，目前主要针对钉螺相对密集的沟渠、水田等特殊地带应用。对于当下我国血吸虫病疫情处于总体显著好转、一些复杂困难地区尚待进一步攻坚的局势下，植物抑螺剂将会愈发显示其巨大的应用价值和潜力。

（一）栽培利用

经过多年的努力，尤其近几年的大量工作，已筛选获得了数十种抑螺植物材料，抑螺植物的选择与应用取得明显进展，正成为新形势下我国林业血防一个最为重要的技术方向。无论是滩地还是山丘，抑螺植物的应用是实现持续巩固乃至最终消除血吸虫病的重要措施。

对于滩地，选择了既耐水淹、又具抑螺的植物材料，其中既有树木、又有草本植物。这些植物主要有乌桕、枫杨、重阳木、美国薄壳山核桃、益母草、紫云英、水菖蒲等，基于这些植物的耐水性能，基本实现了高、中、低滩全覆盖的血防林配置格局，为滩地全面构建生物抑螺林技术模式提供了可能。例如，浅水边可栽植菖蒲，低滩可栽植重阳木，中滩可栽植枫香，高滩可栽植乌桕、枫杨，另外，林下可间种益母草、紫云英等。目前已在安徽、湖北等省开展了小面积的多种植物栽培试验，初步结果较好（表 5~ 表 7）。

表 5　水菖蒲根水浸液抑螺（%）

处理浓度	处理时间				
	24h	48h	72h	96h	120h
0.50%	95.00	96.67	100	100	100
0.10%	56.67	71.67	83.33	88.33	88.33
0.05%	23.33	50.00	53.33	71.67	78.33

表 6　水菖蒲叶水浸液抑螺（%）

处理浓度	处理时间				
	24h	48h	72h	96h	120h
0.50%	66.67	86.67	100	100	100
0.10%	58.33	81.67	93.33	100	100
0.05%	53.33	71.67	85.00	91.67	100

表 7　重阳木叶干粉水浸液抑螺（%）

处理浓度	处理时间				
	24h	48h	72h	96h	120h
0.50%	76.67	86.67	95.00	100	100
0.10%	55.00	63.33	68.33	88.33	90.00
0.05%	28.33	51.67	53.33	83.33	83.33

对于山丘区，由于没有像滩地那样受到水淹的影响与限制，可供选择的植物种类相对较多，在进行抑螺材料筛选时，会更加注重各地的特色高效经济植物，利用这些植物营建血防林，在抑螺的同时，也能够获得可观的经济收益。山丘区目前已获得的抑螺植物材料有花椒、核桃、红香椿、巴豆、桉树、樟树、苦楝以及香根草、重楼、博落回等。一些植物在林业血防工程建设中得到广泛应用，如四川的花椒、云南的核桃，在疫区得到大面积栽培，取得很好的抑螺效果以及经济收益。

由表 8 可见，巴豆、花椒的抑螺效果都较为显著。尤其是巴豆，其树叶的抑螺率在不同浓度下均为 100%，可见巴豆是一种十分优良的抑螺植物。

表 8　巴豆、花椒抑螺效果测定

材料	水浸液浓度	24h 平均死亡率	48h 平均死亡率
巴豆叶	0.10%	100%	100%
	0.50%	100%	100%
	1.00%	100%	100%
花椒籽	0.10%	26.67%	97.78%
	0.50%	80.00%	100%
	1.00%	88.89%	100%
花椒叶	0.10%	28.89%	91.11%
	0.50%	62.22%	100%
	1.00%	82.22%	100%
空白对照		8.89%	8.89%

（二）抑螺剂研创

抑螺活性成分的提取分离

抑螺剂的制备，可直接将抑螺植物粉碎并和其他物质配比混合获得，这种方法相对简单易行。但要获得更加高效的抑螺剂，需采用抑螺活性成分。这就需要在已选的抑螺植物材料基础上，进一步开展抑螺活性成分的提取分离。以博落回为例，通过对提取出来的总生物碱分离得到 7 种不同的组分，并对这 7 类生物碱进行抑螺效果测试，结果显示博落回中生物碱对钉螺的致死效果都比较明显。而其中尤以 2 号生物碱对钉螺的毒杀效果最好（表 9）。进一步利用质谱图鉴定得出，该 2 号单体成分为血根碱。

表 9　不同浓度的博落回生物碱组分对钉螺致死效果的比较

处理组	浓度	钉螺致死率（%）				
		24h	48h	72h	96h	120h
1 号	100mg/L	20.00	50.00	56.67	70.00	76.67
	50mg/L	13.33	36.67	43.33	60.00	63.33
	25mg/L	10.00	26.67	40.00	56.67	56.67
2 号	100mg/L	56.67	83.33	90.00	90.00	96.67
	50mg/L	46.67	76.67	83.33	90.00	90.00
	25mg/L	36.67	73.33	83.33	83.33	83.33
3 号	100mg/L	56.67	80.00	80.00	80.00	90.00
	50mg/L	36.67	73.33	73.33	73.33	73.33
	25mg/L	33.33	40.00	43.33	50.00	56.67

（续表）

处理组	浓度	钉螺致死率（%）				
		24h	48h	72h	96h	120h
4 号	100mg/L	46.67	73.33	73.33	80.00	86.67
	50mg/L	40.00	50.00	56.67	66.67	70.00
	25mg/L	13.33	36.67	50.00	66.67	66.67
5 号	100mg/L	26.67	66.67	70.00	70.00	76.67
	50mg/L	26.67	56.67	60.00	63.33	66.67
	25mg/L	23.33	40.00	50.00	56.67	60.00
6 号	100mg/L	20.00	40.00	46.67	46.67	56.67
	50mg/L	6.67	20.00	26.67	26.67	36.67
	25mg/L	10.00	16.67	16.67	16.67	23.33
7 号	100mg/L	3.33	23.33	26.67	26.67	33.33
	50mg/L	3.33	10.00	16.67	16.67	23.33
	25mg/L	0	6.67	10.00	10.00	16.67
氯硝柳氨	1mg/L	83.33	100	100	100	100
无氯水		0	6.67	10.00	10.00	10.00

从博落回中不仅可分离得到单体成分血根碱；另外，用改进的方法提取分离博落回还可得到啡啶类生物碱硫酸氢盐成分，从杀螺效果及致死剂量看，博落回生物碱硫酸氢盐的杀螺效果 48 小时的半数致死量为 2.9mg/L，致死剂量为 8.6mg/L。其杀螺活性优于以前研究发现的一些生物碱，且提

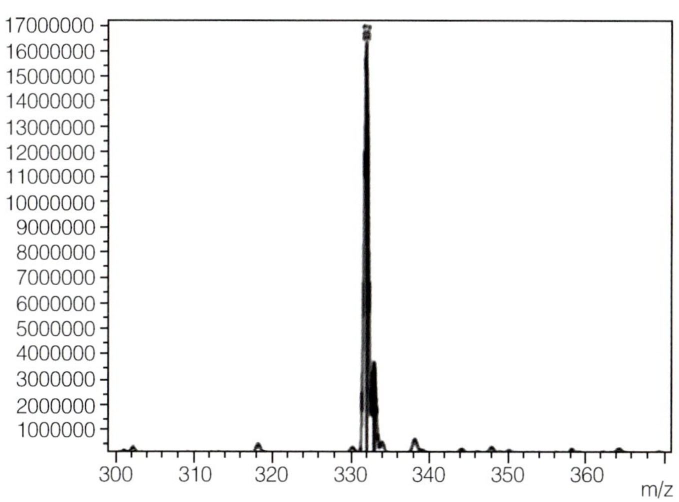

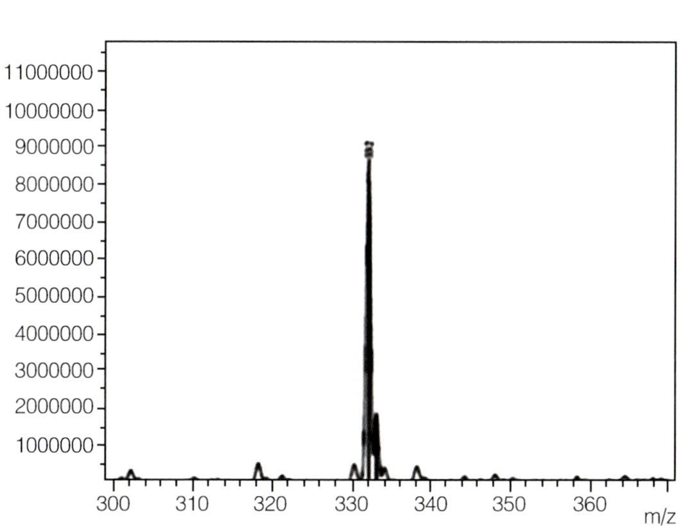

图 11
2 号单体成分质谱图

取率较以前高。具有很好的研究开发价值。两种高效抑螺活性组分的获得，为生物抑螺剂的创制提供了新材料。

表 10　博落回生物碱硫酸氢盐对钉螺的致死效果

		24h	48h	72h	96h	120h
空白对照		0.0	1.7	5.0	6.7	6.7
博落回硫酸氢盐浓度	1mg/L	8.3	26.7	31.7	43.3	48.3
	2.5mg/L	16.7	61.7	91.7	98.3	100
	5mg/L	33.3	68.3	95.0	100	100
	7.5mg/L	45.0	91.7	100	100	100
	10mg/L	63.3	96.7	100	100	100

抑螺剂的创制

利用抑螺植物的有效部位或其内含的抑螺活性成分，都可以进行抑螺剂制备。制备中主要考虑的因素有哪些组分、配比情况以及剂型等。通过试验研究，获得以下四种较为典型的抑螺剂。

一是利用单一的抑螺活性成分——千金藤碱，采用海藻酸钠包埋法，创制了千金藤碱胶囊抑螺剂。通过适宜的方法，成功制得 2mm 左右小球状千金藤碱胶囊。该抑螺剂既具有很高的抑螺效果，又有很好的缓释效果。

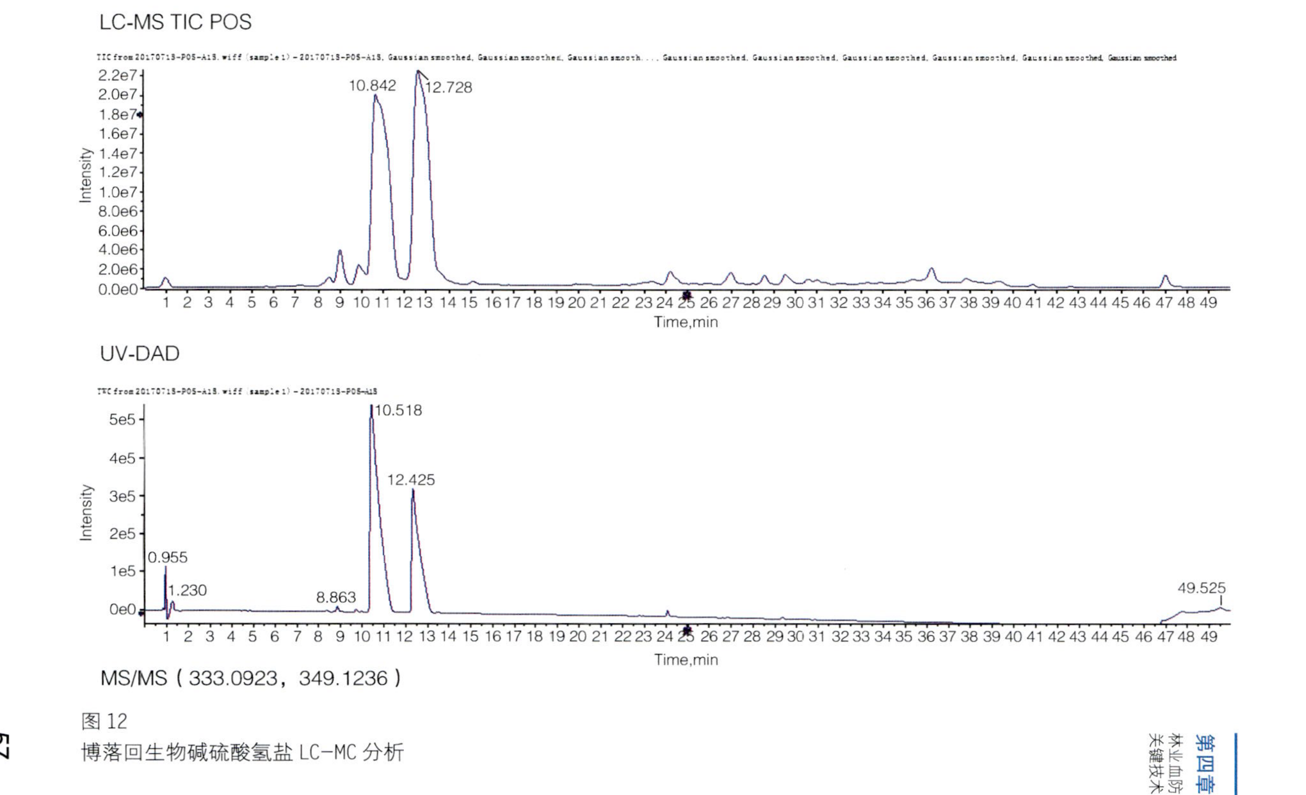

图 12
博落回生物碱硫酸氢盐 LC-MC 分析

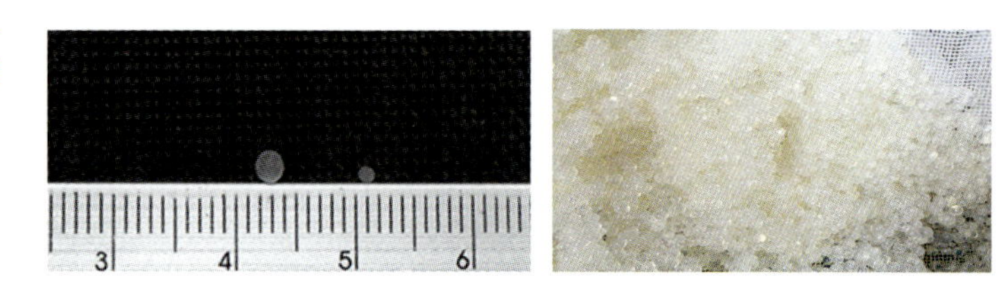

图 13
抑螺剂形状及大小

表 11　杀螺剂杀灭钉螺试验的结果统计表

凝胶小球中千金藤碱浓度（g/L）	0	5	10	20	50	100
试验螺数（只）	30	30	30	30	30	30
24h 死亡数（只）	0	0	0	12	30	30
24h 死亡率（%）	0	0	0	40	100	100

二是添加引诱剂等配方制备的博落回啡啶类生物碱引诱型抑螺剂。通过添加引诱剂等配方改良，既提高了杀螺效果，同时增强药物引诱作用，这样更能达到主动杀螺的目的。成为一款植物源高效杀螺剂。

表 12　博落回啡啶生物碱杀螺剂杀螺（%）

时间	浓度		
	1/4	1/8	1/32
24h	100	100	100

三是除草型抑螺剂：通过除草剂和生物源抑螺剂的复合

使用，消除沟渠杂草对抑螺效果的影响，适用于农田和沟渠。如草甘膦与博落回生物碱的复配剂。

表 13　除草剂型抑螺剂抑螺（%）

时间	浓度					
	1/4	1/8	1/16	1/32	1/64	1/256
24h	100	100	100	100	100	100

四是肥料型抑螺剂：通过利用抑螺植物有效成分、残渣发酵物及其与适量化肥组合，形成有机无机复合肥料型抑螺剂，如天南星科植物针晶、博落回生物碱等分别与相应成分进行合理组配，不仅对水稻生长有明显促进作用，同时具有很好的抑螺效果。

表 14　抑螺肥制剂的抑螺效果对比表

种类	24h	48h	72h
CK	0 a	0 a	0 a
AN（0.25g/L）	0 a	16.4 c	24.5 c
CF（0.25g/L）	26.7 b	42.3 d	65.4 d
FM（0.25g/L）	0 a	3.3 b	6.7 b
ACFM（0.25g/L）	48.3 c	75.4 e	90.1 e
ACFM（0.5g/L）	82.4 d	98.7 f	100 f

注：AN 为未发酵植物天南星粉，CF 为混合肥，FM 发酵产物，ACFM 为肥料型杀螺剂，CK 为未添加对照。表中数据为三个重复平均值，同一栏中不同字母表示显著性差异（$P<0.05$），以下同。

表 15　抑螺肥对水稻种子萌发影响表

种类	D1	D2	D3
CK	50.3 a	62.8 a	84.5 a
AN（0.25g/L）	52.4 a	64.3 a	84.7 a
CF（0.25g/L）	65.3 b	70.4 b	85.7 a
FM（0.25g/L）	54.6 a	67.2 ab	84.6 a
ACFM（0.25g/L）	78.4 c	89.8 c	90.1 b
ACFM（0.5g/L）	75.3 c	86.3 c	90.7 b

表 16　抑螺肥对水稻幼苗生长的影响表

种类	D5	D10	D15	D20
CK	6.4 a	9.6 a	13.6 ab	15.8 a
AN（0.25g/L）	6.8 a	10.4 a	12.8 a	15.9 a
CF（0.25g/L）	7.4 b	11.8 b	14.7 b	16.7 b
FM（0.25g/L）	7.2 ab	10.6 a	13.4 ab	16.3 ab
ACFM（0.25g/L）	12.7 c	17.8 c	19.7 c	21.7 c
ACFM（0.5g/L）	11.8 c	16.3 c	18.9 c	21.9 c

四、群落结构优化防控技术

群落结构优化防控技术是生态防控的重要途径，是全面提升血防林功能与效益的重要保障。

群落结构决定着群落的生态状况及其功能。群落结构的变化，其生态状况及其功能也会随之改变。例如，初植的幼龄林中的光温状况与附近的裸地虽有差异，但相差不大，而随着林木不断生长，林分郁闭度不断增加，林分中的光温状况与附近裸地的差异会越来越大，成熟林相比幼龄林更为郁闭，调温的功能显著增强。因此，为了达到一定的生态及功能要求，相应需要一定结构的森林群落来实现。血防林的主要目标就是防控血吸虫病，也就是要控制钉螺和阻断重要传染源——牛。基于这样的特定目标或功能需要，需要在科学分析的基础上，通过对血防林群落结构进行定向设计及合理调控，使血防林所具有的结构及其所形成的生态环境处于不适宜钉螺孳生的状态，从而达到抑制钉螺的效果，同时也能在一定程度上起到阻隔牛的作用。

另外，结构的优化，也有利于提高林分的生产力水平，特别是多层复合结构，实现了空间立体利用，极大地提高土地利用率，合理的结构将有效增加单位面积产量和效益。如图 14~图 17 所示，在基于宽窄行（模式 K）（4m × 4m × 16m）、片林（模式 P）（6m × 10m）和 $2hm^2$ 微型林网（模式 W）3 种不同经营模式下的杨树人工林、农作物的生物量及其系统碳储量测定分析基础上，得出相应三种模式不同农作物间作种类（小麦 + 玉米、小麦 + 大豆、小麦 + 水稻）系统每公顷碳储量分别为 90.02t、87.78t、89.80t，57.64t、56.15t、58.24t，60.60t、57.15t、59.14t，可见三种结构差异明显，宽

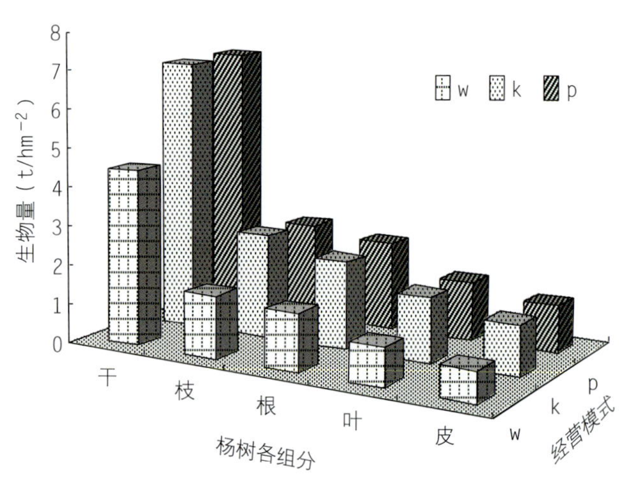

图 14
林木生物量

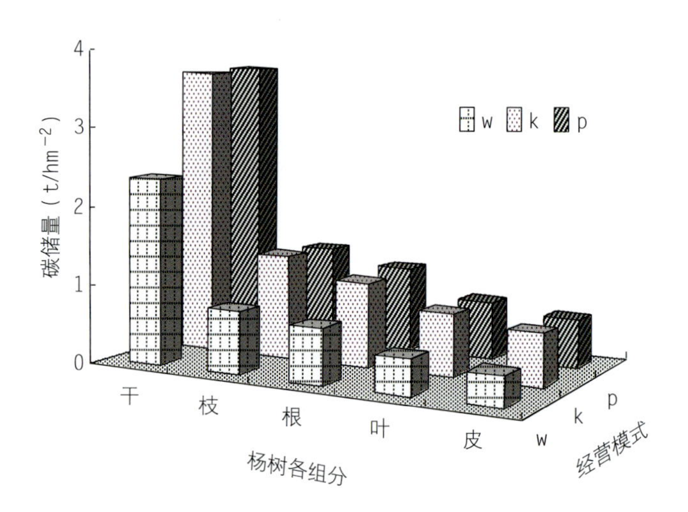

图 15
林木碳储量

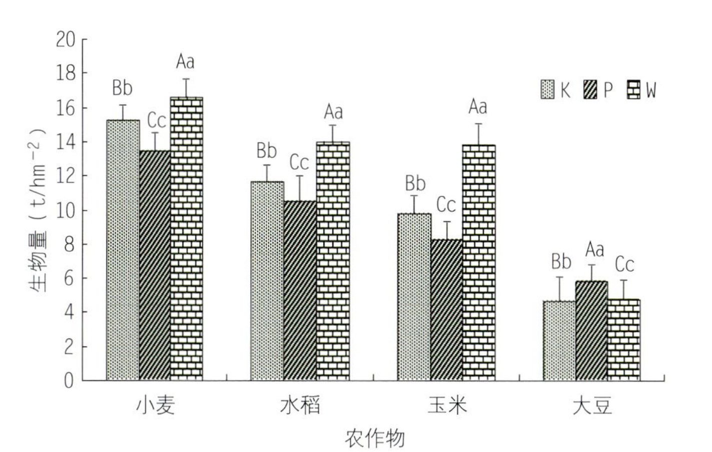

图 16
作物生物量

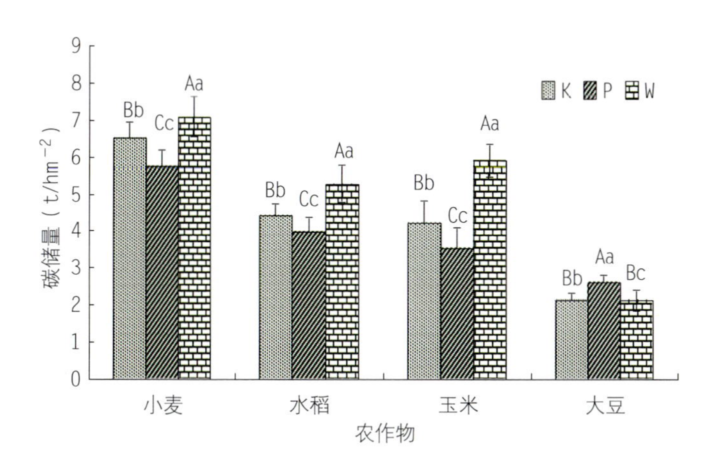

图 17
作物碳储量

窄行（4m × 4m × 16m）配置结构最佳。

那么，对于血防林来说，其有针对性的群落结构设计及调节技术主要有：

梯度配置：滩地多呈现明显的梯度变化特征。因此，滩地血防林在水平结构配置上，首先须根据不同滩面的高低，选择适宜的耐水淹树种，构建多树种梯度配置的合理结构。

宽行窄株：主要针对沿江滩地的血防林，水平结构上采用宽行距窄株距非均匀配置。宽行距的作用主要为：设计林木行向与江河的水流方向一致，这样宽行距不仅为汛期水流提供了顺畅的通道，有利于泄洪，确保了行洪安全，而且也为林下间种提供了良好条件。同时，宽行距保证了行间良好的通透性，加大了林间风的作用，促进了系统内乱流热交换，加速表层土壤水分的散失，导致表层土壤湿度下降，由于钉螺喜欢潮湿环境，这样湿度较低的表层土壤就不宜于钉螺正常生长。窄株距的作用，不仅保证了单位面积的林木数量和最终木材收益，而且形成了一道生物隔离带，加之林农对林木的看护，在一定程度上阻隔了牛进入林地，起到了隔离传染源的作用。

林下间种：在血防林下间种小麦、油菜等农作物，垂直结构上形成林农复合的多层配置。这些作物在 3~4 月进入生长盛期，几乎使林地全面覆盖，这种复层结构吸收、反射了大量太阳辐射，导致地表的光照强度大幅降低。此时，钉螺也正处于生长繁殖活跃期，需要20~25℃的温度条件，而林农复合结构血防林的地表温度低于20℃；在作物成熟期，特别是收割后，血防林下的地表光照和温度明显增加，又高于钉螺的适生要求，不同阶段都对钉螺的孳生具有不利影响。同时，实行间种，以耕代抚，既促进了林木生长，又获得了间作物收益，亩产经济效益可提高数百至数千元。

补植改造：该技术主要是针对疫区原有的血防低效林分，通过进一步补植抑螺植物，优化林分结构，提升抑螺效果。其有两种方式：一种是在原有的林分中补植构成下层，如在沿江滩地存在很多以前的防浪柳林，由于并非血防林，没有应用血防林营造的相关技术措施，这类林下的滩地大多都是适宜钉螺的生境，一旦有钉螺迁移至此，很容易大量繁殖而形成有螺地带。基于部分林分状况，采取在林下引入紫云英，构建新的柳林－紫云英复合结构模式。由于紫云英是很好的抑螺植物，而且只需一次性种植，以后每年自行繁殖生长，可发挥长久的抑螺作用，通过该技术改造，从而构建了一个新的不适于钉螺的生长环境。同时，紫云英的引入，使沿岸环境得到进一步美化，构建了一个具有抑螺、防浪、景观等多种功能的岸带林。另一种是在原有的林分中补植构成上层，例如，在四川蒲江疫区还存在大量非抑螺防病林林分（典型的是大面积茶园），有可能成为新的螺源地。针对这种情况，在现有茶园行间引入抑螺树种巨桉，进行林分结构改造，构建了巨桉－茶复合模式。本模式构建，一方面，通过引入桉树，可在茶园发挥桉树的抑螺作用，增强抑螺效果；另一方面，利用桉树树冠在茶园上层的遮光效果，减少直射光过强对茶叶品质的影响。测定显示，经过改造，茶园茶叶中 N、P、K、Zn 等养分含量出现了不同程度提高，这些结果有利于茶树抗性、产量以及品质的改善，提质增效效果较为显著。

表 17　不同模式下的光照强度（LUX）

类型	8:00			14:00			18:00		
	均值	Std	比值	均值	Std	比值	均值	Std	比值
巨桉－茶复合茶丛带间	1597	1268	0.34	3671	2496	0.27	1736	962	0.37
茶园茶丛带间	3687	1311	0.79	9125	2821	0.71	3611	1243	0.77
对照	4644	1796	1.00	12774	3402	1.00	4686	1795	1.00

表 18　茶叶养分含量

样品	N（g/kg）	P（g/kg）	K（g/kg）	Zn（mg/kg）
1 茶叶（纯茶林）	43.04	3.56	17.13	37.10
2 茶叶（巨桉－茶）	49.90	5.01	19.90	41.60
变化率（%）	15.94	40.73	16.17	12.13

注：变化率指复合茶林比纯茶林养分的增长率。

密植（或覆盖）控螺：密植能加快塑造特定的森林环境，尤其是对于林下抑螺草本以及落叶可在地面形成良好覆盖的植物，控螺效果显著。栽植抑螺植物，是利用植物根、茎、叶等器官所具有的化感物质对钉螺产生的抑制作用，定植密度越大，其作用的有效范围就越大。特别是一些林下抑螺草本植物，如云南核桃林下种植的大蒜、湖北滩地杨树林下的益母草，基本是全面覆盖地面，抑螺范围几乎无死角，效果彻底。对于有些落叶对地面能够形成良好覆盖的植物，例如四川的竹子较多，竹叶相对不易分解，通过适度密植营造竹林，林下地表能够较快形成并长期维持一层竹叶层。对于钉螺而言，如果在竹叶层下，光照条件太弱，如果在竹叶层上，没有泥土包被难以繁殖，因而对钉螺产生不利影响。覆盖控螺将是极具应用前景的一项重要关键技术。

在群落结构设计及调节技术方面，人工促进加速林下抑螺植物更新生长，也是血防林持续高效的重要技术。如滩地林下植被自然演替过程中益母草种群的出现与维持，从而抑制钉螺孳生；同时，还有加强树体管理，最为典型的是花椒血防林，在每年 5 月下旬花椒收获的同时，对其树冠进行强度修剪，由于此时是高温季节，极大地增强了林地的光照强度和地表温度，远超钉螺的适生范围；抑螺植物混交配置，研究结果表明，有一些不同抑螺树木的叶片混合浸提液的抑螺效果更好，因此，设计相关抑螺植物混交结构的血防林，可能会进一步提升防控效果；另外，还可以在林下引入鸡进行养殖，形成林禽结构，鸡作为钉螺的捕食者，可以有效降低钉螺种群密度，同时提高了经济收益。

五、工程防控技术

工程防控技术是实现血防成效的必要补充。

工程防控技术是血防林经营技术体系中的有机组成。基于特定的目标要求，血防林营造的工程技术既要有较高的标准，又具有一定的特殊性。实施有针对性的工程措施，对于防控效果将起到重要作用。

整地方面。首先是土地翻耕平整。钉螺宜生活在地表及土壤浅层 10cm 以上，翻耕可将部分钉螺埋入更深土壤中。尤其是土地平整，整治地表坑坑洼洼不平状况，使地表环境由潮湿积水变为平顺干爽；其次，要进行筑路开沟，做到路连沟通。通畅的沟渠有利于及时排除林地积水，同时道路能够进一步降低人们接触疫水的概率。对于局部低洼地带，可根据情况，适当进行开沟抬垄，沟土翻埋垄面，既达到灭螺效果，又压缩了钉螺适生环境。总之，经过整地，最终达到“路路相连，沟沟相通，林地平整，雨停地干”，这样不仅不利于钉螺孳生，可将钉螺由面压缩到线，极大地降低钉螺分布面积，减少了人畜感染机会，同时还促进了树木及农作物较好生长。

表 19　配套工程沟、路螺情

环境	活螺框出现率（%）	增减率（%）	活螺密度（只/0.11m^2）	增减率（%）	阳性螺密度（只/0.11m^2）
路面	0	-100.0	0	-100.0	0
沟壁	66.0	-11.2	1.290	-44.6	0
沟底	34.0	-54.2	0.560	-75.9	0
对照	74.3	0	2.327	0	0.010

栽植方面。在填穴时要做到表土底埋，将 10cm 以上可能有钉螺的表层土壤埋入穴（沟）底部。同时，最后在地表苗干基部周围培覆土壤成凸起状，以防土壤松软洼陷后形成适于钉螺孳生的小坑。

管理方面。第一是隔离措施，在血防林周边建设隔离栏等隔离设施，阻隔牛、羊等进入林地，控制传染源，切断传染环节。第二是灌溉工程，其一是建立滴灌等灌溉设施，对于山丘流行区，很多地方需要提供必要的灌溉条件，以保证林木良好生长，采用滴灌等精准灌溉设施，既极大地节约了水资源，又避免了过去大水漫灌方式形成大面积的水湿环境，可能为钉螺提供适宜的孳生地；其二，灌溉沟渠建设，对于用于灌溉的沟渠，采用水泥、涵管等材料进行建设，硬化后的地表状况，钉螺无法生存。

六、抑螺提效改造技术

我国的血吸虫病疫区有着大量社会造林等形成的非抑螺防病林林分，这些林分在疫区的林业发展中发挥了积极作用。但是，由于这些林分没有按照抑螺防病林建设技术规程要求实施，很多林分仍然具备钉螺孳生的环境条件，抑螺效果不明显，甚至还有一些林分中仍存在着一定数量的钉螺分布，是极有风险的螺源地。由于钉螺具有长距离迁移、繁殖量大等特性，如果这些林分不进行改造，没有对钉螺进行及时有效控制，那么有可能随着钉螺的繁殖迁移，钉螺再次扩散，一些原来的无螺区又可能重新成为有螺区，特别是对于连续开放的大面积滩地，经过汛期洪水淹没后，很容易导致钉螺分布范围扩大，疫情进一步回升。这将在很大程度上影响已经取得的血防成果，不能满足我国政府提出的全面消除血吸虫病这一目标要求。因此，这些抑螺低效的林分必需加以改造，提升血防功能，才能在疫区形成整体有效的抑螺环境。基于这种状况，在新时期林业血防工程建设中，非血防林提效改造已成为一项新的需要解决的重要任务。

根据规划，我国疫区中需要改造的抑螺低效林分面积达870万亩，占林业血防工程建设规模的一半之多，提效改造的任务巨大。

新的任务对技术提出了新的要求。针对现有抑螺低效林存在的问题与不足，提效改造主要表现在两个方面，即林地环境和林分结构。相应地，技术需求表现为林地环境改造技术和林分结构改造技术。林地环境改造技术，具体包括林地清理、林地平整以及路沟整治等技术措施，将坑洼不平、水流不畅的林地环境改造以实现林地平整、水流通畅。林分结构改造技术，一方面是密度调控，该项技术重点为一是将江河沿岸密度较大的林分适度间伐，顺水流方向调增林木行距，保证水流通畅，也便于林下经营；二是在沟渠、河道等水线附近钉螺最密集分布的地带补植抑螺植物材料，以增强抑螺效果。另一方面是加强对林下空间的合理利用，根据林下具体条件，补栽补植适宜的抑螺植物或其他生态经济价值良好的耐阴植物，进一步优化林分结构及其环境，实现抑螺、生态、经济等多效提升。

抑螺提效改造技术的集成应用，将促进大面积抑螺低效林质量改善，有助于构建更加完备的抑螺防病林体系，全面巩固提升我国林业血防成果。

第五章

抑螺效应

林业血防的实施，是否真正对钉螺孳生具有不利影响，到底产生了怎样的影响？对这一问题的探究与解释，对于进一步弄清林业血防的作用机制，科学判定林业血防的作用效果十分必要。这里主要从生化效应和结构效应两个方面，对钉螺开展进一步研究，为林业血防的抑螺功能提供可靠依据。

第一节　生化效应

生化方面，主要选取了糖元、蛋白质以及一些关键酶等指标进行了测定分析。以乌桕叶中提取的标号为 A12-2 化合物组分处理钉螺为例，可以看出生化方面的变化十分显著。

糖元方面，随着处理液的浓度增加和处理时间的延长，钉螺体内糖元的含量显著降低。浓度分别为 10mg/L、20mg/L、30mg/L、40mg/L、50mg/L 的 A12-2 处理液浸杀钉螺 96h 后，其肌糖元含量分别比对照降低了 40.9%、49.8%、61.5%、63.3%、72.5%（图 18）。分析认为，造成这一结果的原因主要是：A12-2 影响了钉螺的肝功能，使局部肝细胞坏死，直接影响糖元合成；激活或钝化糖元代谢过程中的某些酶，促进糖元分解和抑制糖元合成，导致糖元含量下降；影响消化道功能，引起摄食量减少，细胞摄取葡萄糖减少，糖元合成下降。

蛋白质方面，钉螺头足部与肝脏部总蛋白含量经 24~96h

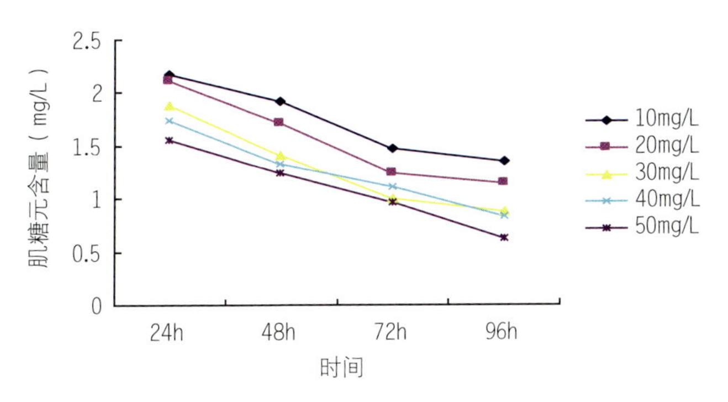

图 18
钉螺肌糖元含量变化趋势

处理后，都表现出降低→增高→降低的趋势。处理液开始作用时，钉螺体内总蛋白含量逐步下降，至 48h 后头足部蛋白和肝脏部蛋白呈上升趋势分别达到 1.726g/L 与 1.997g/L，这可能是由于钉螺受到 A12-2 处理后刺激了体内代谢，从而产生大量特定蛋白质以克服这种逆境胁迫的结果（图 19）。

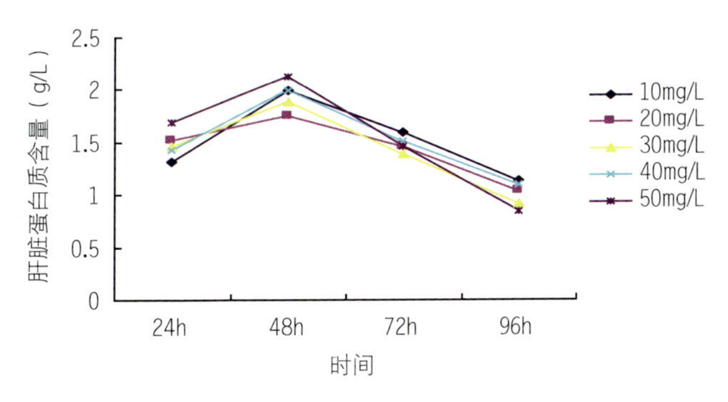

图 19
钉螺肝脏蛋白质含量变化趋势

随着时间的延长，钉螺体内总蛋白含量又不断下降直至超过钉螺的生理阈值，影响其能量代谢而使个体活性降低，渐至死亡。

相关酶的活性方面，碱性磷酸酶、琥珀酸脱氢酶、谷草转氨酶的活性在 A12-2 处理液的作用下，随着处理时间的延长和浓度的增加，都表现出显著降低→缓慢升高→显著降低的变化趋势。三种酶的这一变化趋势与有机体基于应激性的正常病理反应完全一致。而谷丙转氨酶活性随着时间的增加呈现不断降低的单一变化趋势，说明处理液对谷丙转氨酶有着更为直接的抑制作用（表 20~表 21）。

表 20　肝脏谷丙转氨酶活性变化表（U/gprot）

浓度	24h	48h	72h	96h
10mg/L	0.520	0.421	0.254	0.167
20mg/L	0.468	0.399	0.210	0.148
30mg/L	0.431	0.335	0.176	0.105
40mg/L	0.401	0.211	0.139	0.092
50mg/L	0.301	0.169	0.099	0.046
清水对照 CK	0.255	0.255	0.251	0.250

表 21　头足琥珀酸脱氢酶活性变化表（U/gprot）

浓度	24h	48h	72h	96h
10mg/L	22.799	12.167	14.881	10.838
20mg/L	20.951	11.059	16.061	11.810
30mg/L	23.720	13.579	18.550	10.350
40mg/L	20.316	15.057	18.663	9.789
50mg/L	23.896	13.962	17.632	8.034
清水对照 CK	13.973	13.971	13.976	13.970

进一步采用酶组织化学技术检测经苦楝叶处理后钉螺体内 Ca^{2+} 介导三磷酸腺苷酶（Ca^{2+}-ATPase）、琥珀酸脱氢酶（SDH）、乳酸脱氢酶（LDH）、一氧化氮合酶（NOS）等酶活性的变化，同时结合原位末端标记法（Terminal deoxynucleotide transferase-mediated dUTP-biotin nick end labeling assay， TUNEL）检测细胞凋亡情况，观察药物处理后钉螺发生凋亡的组织部位和凋亡细胞数量。从钉螺细胞凋亡和代谢变化的角度，进一步探究了抑螺机制。从表 22 可见，经苦楝叶处理的实验组的钉螺细胞死亡数明显大于未处理的

表 22　两组钉螺细胞凋亡指数比较

组别	凋亡指数	t 值，P
实验组	（10.6±5.74）%	4.343，P<0.05
对照组	（2.4±1.84）%	

对照组，两者之间差异达显著水平。

结合一氧化氮合酶（NOS）活性显著增高、Ca^{2+}-ATPase活性降低等变化情况，由此推测，苦楝叶浸提液的抑螺机制可能为：处理造成其头足部NOS活性增加，产生过量NO，继而破坏钉螺肌细胞线粒体内的氧化磷酸化，减少能量的生成。ATP浓度的降低减弱Ca^{2+}-ATPase的活性，使得钉螺肌

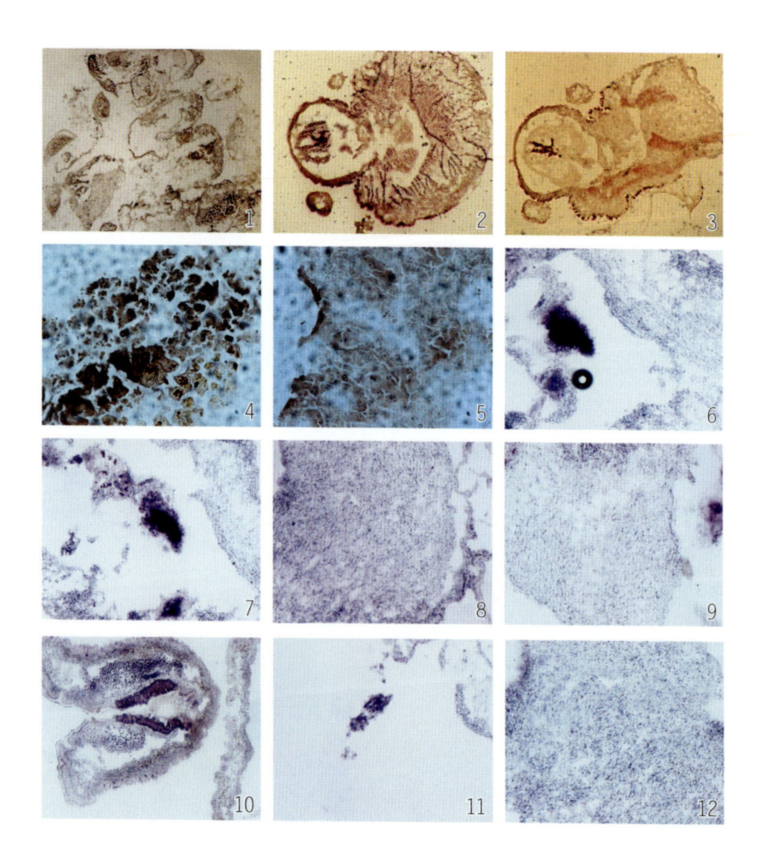

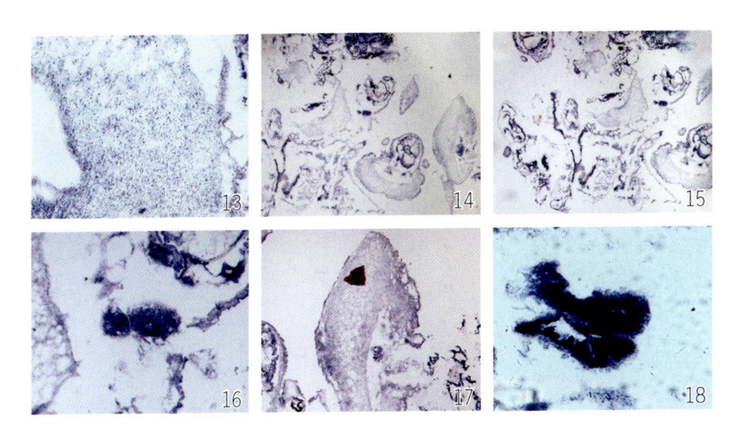

图 20

苦楝叶处理后钉螺体内酶活性和细胞凋亡的检测

1. 钉螺体内 Ca^{2+}-ATPase 反应（×40）；2. 对照组钉螺头足部 Ca^{2+}-ATPase 强阳性反应（×100）；3. 实验组钉螺头足部 Ca^{2+}-ATPase 阳性反应（×100）；4. 对照组钉螺消化腺 Ca^{2+}-ATPase 强阳性反应（×400）；5. 实验组钉螺消化腺 Ca^{2+}-ATPase 阳性反应（×200）；6. 对照组钉螺神经节 SDH 强阳性反应（×200）；7. 实验组钉螺神经节 SDH 强阳性反应（×200）；8. 对照组钉螺肌纤维 SDH 强阳性反应（×200）；9. 实验组钉螺肌纤维 SDH 阳性反应（×200）；10. 对照组钉螺口囊 LDH 强阳性反应（×200）；11. 对照组钉螺神经节 LDH 强阳性反应（×200）；12. 对照组钉螺肌纤维 LDH 阳性反应（×200）；13. 实验组钉螺肌纤维 LDH 阳性反应（×200）；14. 钉螺体内 NOS 反应（×40）；15. 钉螺体内 NOS 反应（×40）；16. 实验组钉螺神经节 NOS 强阳性反应（×200）；17. 实验组钉螺足部 NOS 阳性反应（×200）；18. 实验组钉螺心脏 NOS 强阳性反应（×200）

细胞内钙离子浓度上升，钙超载后引起肌细胞不可逆损伤，最终杀死钉螺。

第二节　结构效应

应用扫描电镜、透视电镜等仪器，对钉螺头、足、肝脏等部位的超微结构分别进行了检测。

钉螺的头足部和触角是其运动器官，处理液首先触及到的就是钉螺的头足部和触角。利用上述乌桕叶中的组分分别以 15mg/L、30mg/L 的浓度处理 24h、72h 后的扫描电镜照片显示，随着处理时间延长和浓度增加，钉螺头和触角都由表面皱褶非常明显到结构遭到破坏而趋向平坦，并出现糜烂物直到表面已明显变形，严重溃损。足部由肿胀，出现糜烂物到出现溃烂变形，并可见被浸蚀之孔洞，表面绒毛脱落，最终严重变形，有明显裂变溃伤现象，受浸蚀程度严重。表明处理液对钉螺软体造成直接损伤。

肝脏是生物体内最为重要的器官之一。钉螺正常的肝腺上皮细胞是细胞核完整，核膜清晰，细胞之间的间隙很小；周围排列着粗面内质网，结构清楚整齐；胞质中线粒体和溶酶体等细胞器结构完整，线粒体嵴清晰可见，各嵴平等排列。而通过 15mg/L 浓度处理 24h 的钉螺肝脏细胞的透射电镜照片发现其肝细胞肿胀，细胞核核膜开始变形，出现大量溶酶体，且部分溶酶体呈空泡状。部分线粒体表现出肿胀，呈狭长状，小部分已经呈空泡状，嵴模糊病损。粗面内质网杂乱分布，且肿胀。经过 30mg/L 浓度处理 24h 后，大部分线粒体变成狭长形，线粒体嵴模糊并损害；并出现大量中晚期溶酶体，以及大量小型空泡，细胞核肿胀，核内物质散在分布，核膜消失，渐成空泡等现象较为明显（图 21）。

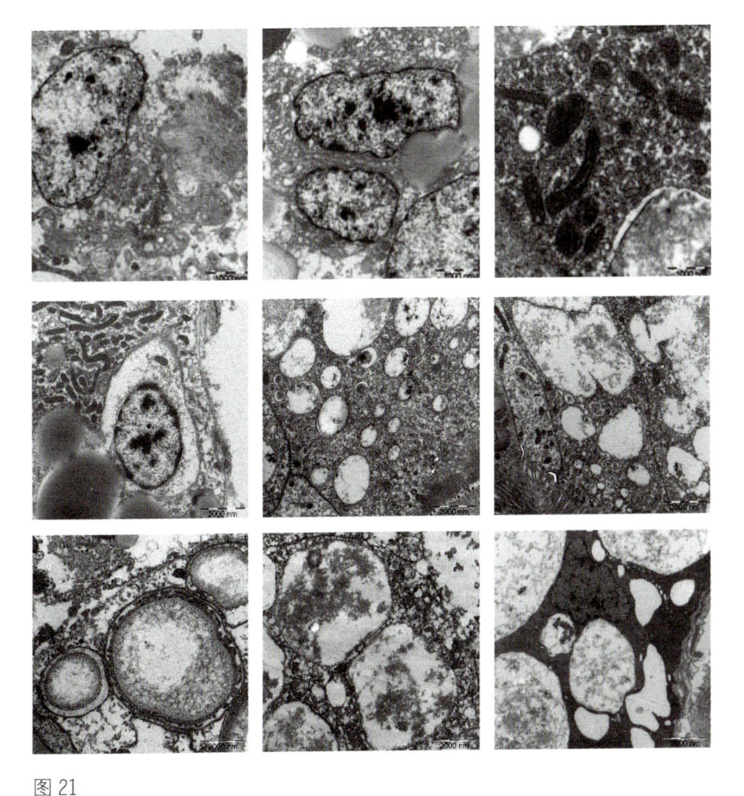

图 21
钉螺肝脏细胞的透射电镜观察
第一排　正常钉螺肝脏细胞透射电镜图
第二排　30mg/L 处理 24h 的钉螺肝脏细胞透射电镜图
第三排　30mg/L 处理 72h 的钉螺肝脏细胞透射电镜图

处理 72h 后，15mg/L 浓度处理的钉螺肝脏细胞内细胞粗面内质网散乱分布，线粒体已经变形，发生肿胀，渐成空泡。细胞核肿胀更为明显，且内含物渐趋无。经 30mg/L 浓度处理的钉螺，肝脏严重受损，细胞内细胞器几乎无法辨认，细胞核内物质渐空，细胞内有由线粒体肿胀化的空泡，以及晚期溶酶体。并且由于自溶作用，出现大量形状各异的大型空泡。

线粒体的主要功能是通过内膜呼吸链进行氧化磷酸化，合成细胞所需的 90% 的 ATP。经过处理液浸杀后的钉螺，其肝脏细胞线粒体出现嵴模糊的病损，说明钉螺的氧化磷酸化过程受到极大影响。

粗面内质网的功能主要是合成和分泌蛋白质，经过处理后的钉螺，其肝脏细胞内质网散乱分布，至最后膜结构破裂消失，说明钉螺体内的蛋白合成也受到影响。在所有的蛋白质中，酶蛋白是最重要的一类，它一方面作为生物催化剂，催化各种化学反应；另一方面，可以调节和控制代谢的速度、方向和途径，是新陈代谢的调节原件。粗面内质网受到破坏，会造成整个机体的代谢紊乱。这与经过处理后的钉螺体内碱性磷酸酶、谷草转氨酶、谷丙转氨酶、琥珀酸脱氢酶及糖元含量的变化也相吻合。

钉螺经处理后，其肝细胞内细胞器、膜结构的破坏，均意味着肝功能的下降、肝器质的损坏，细胞结构和功能的破坏最终导致钉螺死亡。

第六章

林业血防工程建设及其成效

第一节　工程规划建设历程及基本内容

林业血防真正作为一个国家林业工程来说，其规划建设主要分为两个阶段。第一阶段为2006~2015年。21世纪之初，我国血吸虫病流行较为严重，更为重要的是，疫情呈现回升蔓延之势，面对严峻形势，2006年，我国政府相继下发了《国务院关于进一步加强血吸虫病防治工作的通知》和《全国血吸虫病防治中长期规划纲要》，并全面开展血防工程建设。根据血防工作总体要求，国家林业局会同有关部门制订了《全国林业血防工程规划（2006~2015）》，并通过国家批准实施，由此标志着我国一项新的重大生态工程建设项目——全国林业血防工程正式启动。该规划根据当时我国血吸虫病疫情状况及其防控目标，将重点流行区的四川、云南、湖南、湖北、江西、安徽、江苏7省194个县（市、区）规划为工程建设范围，工程建设的重点任务就是开展抑螺防病林建设，规划造林面积731.31万亩。

林业血防工程建设的第二阶段为2016年至今。在前一阶段取得重大成果、血吸虫病得到有效控制的基础上，2016年中共中央、国务院发布的《“健康中国2030”规划纲要》中明确提出了2030年全国所有流行县达到消除血吸虫病标准”的历史性任务，随着健康中国战略的提出，血吸虫病防治也被纳入其中成为重要内容之一，全国血防工作进入最后攻坚的关键时期。根据《国务院关于进一步加强血吸虫病防治工作的通知》总体要求和安排，为打好消灭血吸虫的攻坚战，巩固我国血吸虫病防治成果，做好新时期血防工作，林业血防科学制定了下一个十年工程建设规划。

结合我国目前有螺区及潜在有螺区急需新建抑螺防病林的空间较大，以及血吸虫病疫区大量社会造林等林分抑螺防病功能低下的现状，按照全面消除血吸虫病的总体要求，新的阶段，林业血防提出的目标是让抑螺防病林覆盖 95% 以上适合造林的有螺及易感地带，将钉螺密度下降 80% 以上或达到无螺的环境；使林业血防工程建设惠及全部血吸虫病流行村落，有效改善疫区群众民生民计，促进疫区新农村及生态文明建设。

这一阶段与第一阶段相比，主要表现为林业血防工程建设由重点治理转向全面防控，由单一的新建抑螺防病林转向新建抑螺防病林和提升改造非血防林相结合。

规划建设的内容：建设范围为江苏、安徽、江西、湖北、湖南、广东、广西、重庆、四川、云南、河南 11 个省（自治区、直辖市）合计 266 个县；建设规模为，新建抑螺防病林 16.97 万公顷，已有林分抑螺成效提升改造 19.03 万公顷。同时，根据“攻坚、巩固、预防”血防工作的重点，将林业血防区域科学划分为重点治理区、成果巩固区和预防实验区。按不同分区，进行林业血防工程建设任务的合理布局与安排，在未达到血吸虫病传播阻断标准的地区重点新建抑螺防病林，在传播阻断达标的地区重点进行抑螺成效提升改造，在潜在传播风险区进行抑螺防病林试点建设，加强监测预警。按照“总体统筹，分类规划”的原则，规划建设按照三类区域划分具体如下：

——重点治理区

从一期林业血防工程范围的7省194个治理县中，选择截至2014年年底仍然不能达到传播阻断标准的108个县，以及截至2013年年底达到传播阻断标准时间不足2年、钉螺分布面积依然较大的26个县，合计134个县（市、区），规划为“重点治理区”。其中江苏11个县、安徽28个县、江西15县、湖北38个县、湖南23个县、四川12个县、云南7个县。

这些地区有螺的宜林地面积较大，血防形势相当严峻，血防任务相当迫切。该区域是目前林业血防工程建设攻坚战的主战场，应以继续新建抑螺防病林为主，以抑螺成效提升改造为辅，充分发挥林业血防在压缩钉螺面积、切断传播途径的特殊作用。新建抑螺防病林311.29万亩，抑螺成效提升改造249.62万亩。此外，由于新建抑螺防病林任务重，应加强抑螺植物种质资源的选育、保存、扩繁，加强对抑螺防病林生态定位监测，拟建立种植资源保育库5个，生态定位站7个。

——**成效巩固区**

从目前已实现传播阻断的297个县（市、区）中，选择与未达传播阻断标准的地区相邻，或上游水系仍存在大量钉螺的县，共计101个县，规划为“成效巩固区”。其中安徽省11个县、江西19个县、湖北12个县、湖南3个县、广东7个县、广西20个县、四川23个县、云南6个县。

主要措施是充分发挥林业血防措施的长效性、预防性特点，开展生态型防控。该区域主要通过对其他已有林分中的有螺林地按照抑螺防病林技术要求进行提升改造，对零星分布的有螺宜林地新建抑螺防病林，巩固血防成果，防止疫情反弹。拟新建抑螺防病林90.93万亩，抑螺成效提升改造217.09万亩。拟建立种植资源保育库1个，生态定位站1个。

——**预防实验区**

把目前尚未发现钉螺、但具备钉螺生存繁育自然条件的潜在传播风险区域，规划为“预防实验区”。这些区域主要受到三峡水利工程以及南水北调等工程建设的影响，造成钉螺孳生、繁衍的适生环境显著增加，成为血吸虫病潜在传播风险区，已经受到国务院有关部门的高度重视，本区域共计31个县，包括三峡库区的重庆市22个库区县、湖北省4个库区县，以及南水北调源头丹江口库区涉及的湖北省4个县、河南省1个县。

考虑到该区域目前不存在钉螺孳生，主要是开展林业血防措施的推广试验，选择3处营建抑螺防病试验林，每处5000亩。同时加强监测预警工作，拟建立生态定位站1个，生境监测平台3个，对环境要素进行实时监测、预警。

第二节　工程建设成效

在各部门和地方各级人民政府的高度重视和有力领导下，经过十多年的协同努力，建立了大面积抑螺防病林和一批具有代表性的试验示范区（在血吸虫病流行疫区7省分别建立了8个不同类型的抑螺防病林试验示范区，包括高原山地抑螺防病林试验示范区、长江上游山丘抑螺防病林试验示范区、长江下游山丘抑螺防病林试验示范区3个山丘型林业血防试验示范区；长江中游江河滩地抑螺防病林试验示范区、长江下游洲滩抑螺防病林试验示范区、长江下游江河滩地抑螺防病林试验示范区、鄱阳湖抑螺防病林试验示范区和洞庭湖抑螺防病林试验示范区5个湖沼型林业血防试验示范区）。项目建设取得了良好的血防效果及社会经济效益，成效显著。"兴林防病送瘟神，建设美好新农村"是疫区群众对林业血防项目建设表达的真实心声和对项目建设效果作出的高度评价。林业血防建设项目，正是因其发挥的多种效益，受到了疫区群众的广泛欢迎和积极支持。疫区群众将林业血防工程称之为抑螺防病的"造福工程"、增收兴业的"致富工程"、增绿防灾的"生态工程"。具体来看，工程建设效果表现为：

一是完成了大规模抑螺防病林建设，血防成效十分显著，有效保护了疫区人民的身体健康与生命安全。截至2013年累计营造抑螺防病林648万亩，建立了8个试验示范区，示范区面积4万多亩。通过实施大规模抑螺防病林建设，以及与卫生、水利、农业等部门的紧密协作，坚持标本兼治，综合防控，充分发挥了林业在我国血防建设中的重要作用，切实体现了兴林抑螺在改造环境、抑制钉螺、阻断传染源等生态抑螺防病方面的独特优势。抑螺防病林建设区钉螺密度平均下降89.8%，阳性钉螺密度下降95.8%，人畜感染率下降51%，一些地方已降为零，抑螺效果持续高效，疫情防控成效十分显著。由图22、图23可知，通过连续12年的系统测定，

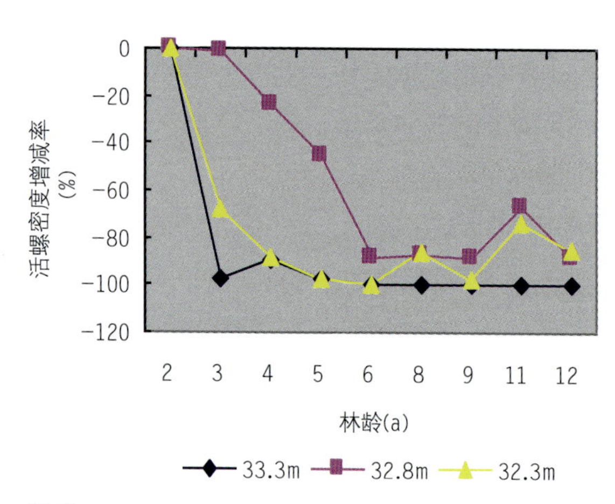

图22
活螺密度与林龄的关系

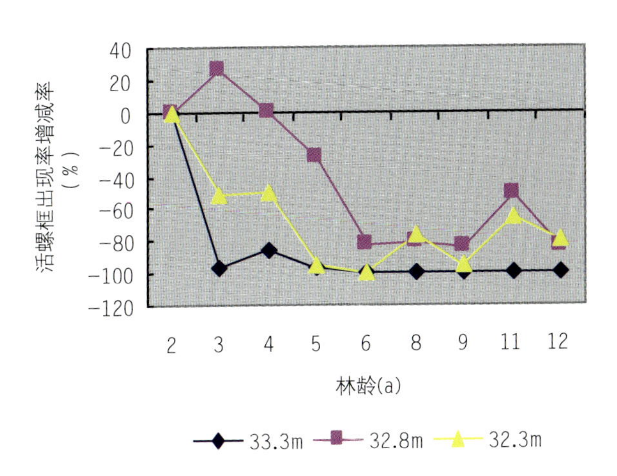

图 23
活螺框出现率与林龄的关系

抑螺防病林内的螺情持续下降并稳定在较低水平，显示了抑螺防病林具有持续稳定的抑螺作用。

工程建设，实现了生态防治血吸虫病目标，切实保障了疫区群众的身体健康。疫区群众将林业血防工程称之为“造福工程”。

二是促进了绿量增加与环境改善，切实保障了疫区的生态安全。血吸虫病疫区的抑螺防病林建设，扩大了疫区森林面积。尤其是沿江平原地区，工程的实施使森林覆盖率增加了 5% 左右，沿江地区形成了一道绿色屏障。大面积的抑螺防病林，极大地增加了疫区的绿量，美化了村镇环境，并在防浪护堤、净化污染等方面起到了积极作用，改良了疫区人居环境，保障了疫区生态安全，有效发挥了林业血防建设改善疫区生态环境的重要作用。

如湖北黄冈市的黄州区，紧邻长江，面积不大的区域中60% 以上是沿江平原区，近几年的新造林主要是血防林，实施面积 5.5 万亩，森林覆盖率由实施前的 9.5% 增加到目前的14.5%，沿江的绿色长廊逐步形成，该区的生态环境不断改善。

血防林碳汇功能显著。通过对安徽沿江滩地血防林系统的碳通量研究得出，从全年的尺度上看，除 12 月到次年 2 月杨树生长休眠期表现为较弱的碳源作用外，系统在其他月份均表现为明显的碳汇作用，血防林系统全年整体的碳汇功能极其显著，年通量值为 $-37.24\times10^5mg/m^2$。对碳贮量进一步的测算得出系统内杨树碳现存量为 $63.58t/hm^2$，草本层碳贮量为 $6.55t/hm^2$，植被碳贮量达到 $70.13t/hm^2$，大大超过了我国森林碳贮量的平均值。可见，血防林系统具有很强的碳汇功能，大面积血防林的营造，无疑构成了一个重要的碳汇库，在应对气候变化方面具有积极作用。

岸带的血防林在吸污纳垢方面作用明显。如对四川血防林的测定显示，5m 宽的竹林河岸缓冲带林分 N 储存量为 $982.4kg/hm^2$，5m 宽的竹林河岸缓冲带硬头黄竹林分 P 元素储存量为 $190.1kg/hm^2$，30m 宽的河岸带对 TN、TP、NO_3^-、NO_2^-、NH_4^+、PO_4^{3-} 各种形态总量的截留率达到了 64.51%、

93.37%、60.96%、80.32%、83.94% 和 87.29%，有效降低了面源污染，净化了水土。

另外，血防林的建设，使山丘区的水土流失得到有效遏制、滩地的防浪护堤作用得到明显提高，同时在净化空气、调节气候、绿化美化、避免药物灭螺所引起的化学污染等诸多方面都发挥了积极作用，工程的实施使国土生态安全的保障能力进一步得到增强。

三是实现了资源增长与社会经济发展，有力推动了疫区社会经济的持续发展。林业血防工程的大规模建设，增加木材蓄积 2100 万立方米，为社会生产提供了大量的木材、粮油等林农资源，特别是使一些平原区由原来的森林资源贫乏转变为资源富足，推动了木材加工等相关产业的发展和社会经济的增长。根据安徽调查统计，抑螺防病林每年每亩可增收 1000 多元；而四川的花椒抑螺防病林，在充分发挥化感驱螺作用的同时，也为林主带来了实实在在的经济收益；再如湖北石首市，依托工程建设提供的杨木资源，吉象集团建立了年产 30 万 m^3、产值 8 亿元的生产线，为地方政府提供了近 1/3 的财政收入。疫区群众的增产增收，地方经济的不断发展，进一步促进了疫区群众生产生活方式向着更加健康的方向转变。

同时，由于关系到群众的切身利益，再加上林业血防本

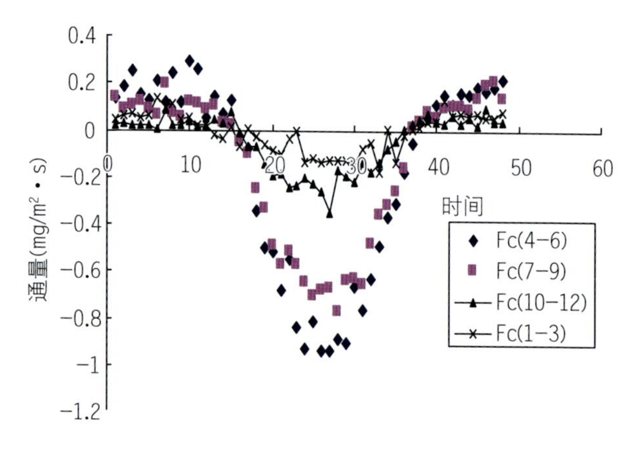

图 25

不同季节碳通量日变化

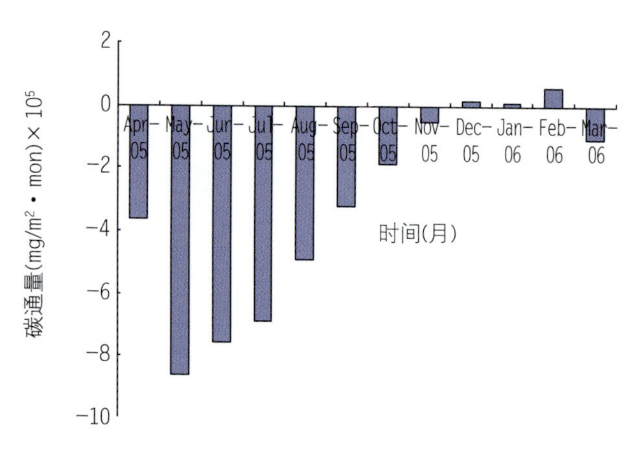

图 26

碳通量月变化

表 23　不同年龄硬头黄竹各器官营养元素含量（单位：g/kg）

元素	秆				枝			叶		
	1a	2a	3a	平均	2a	3a	平均	2a	3a	平均
N	12.06	6.92	4.62	7.87	9.83	9.26	9.55	22.98	19.12	21.05
P	2.33	1.34	0.98	1.61	1.95	1.71	1.83	4.97	2.07	3.52
K	13.50	9.19	4.00	8.90	8.33	7.87	8.10	7.97	3.94	5.96
Ca	1.99	2.85	1.65	2.16	1.97	2.20	2.09	8.86	10.81	9.84
Mg	1.22	1.44	1.13	1.26	1.02	1.46	1.24	2.10	2.42	2.26

元素	根鞭				蔸			
	1a	2a	3a	平均	1a	2a	3a	平均
N	8.03	11.57	10.35	9.98	10.42	8.60	9.90	9.64
P	2.96	1.58	1.58	2.04	1.71	1.47	1.79	1.66
K	9.35	10.42	10.69	10.15	13.24	13.19	12.77	13.07
Ca	0.88	1.11	0.82	0.94	1.18	1.44	1.21	1.28
Mg	1.81	1.96	1.82	1.66	1.45	1.31	1.07	1.28

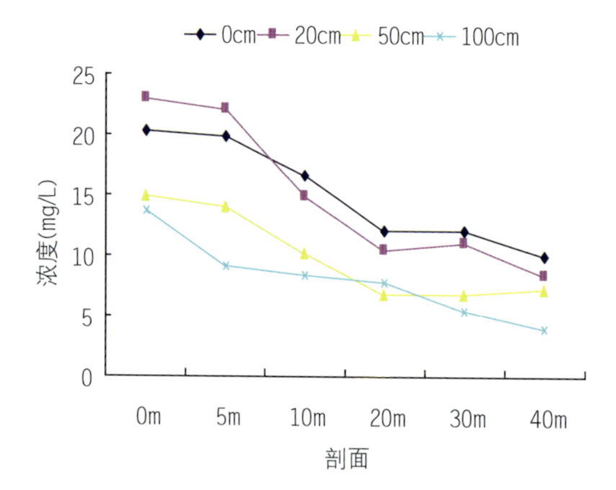

图 27

不同宽度河岸带土层剖面土壤水 TN 浓度变化

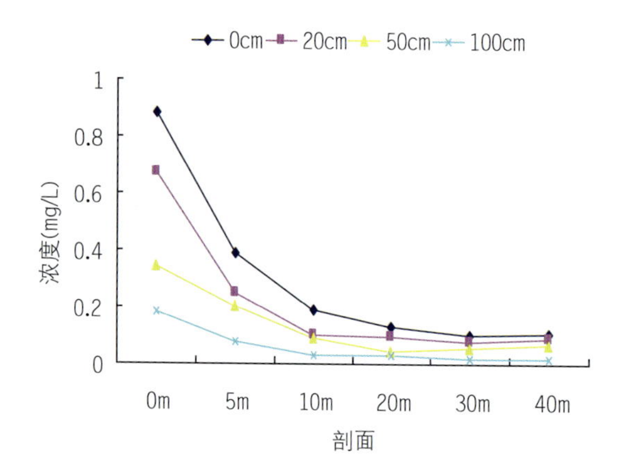

图 28

不同宽度河岸带土层剖面土壤水 TP 浓度变化

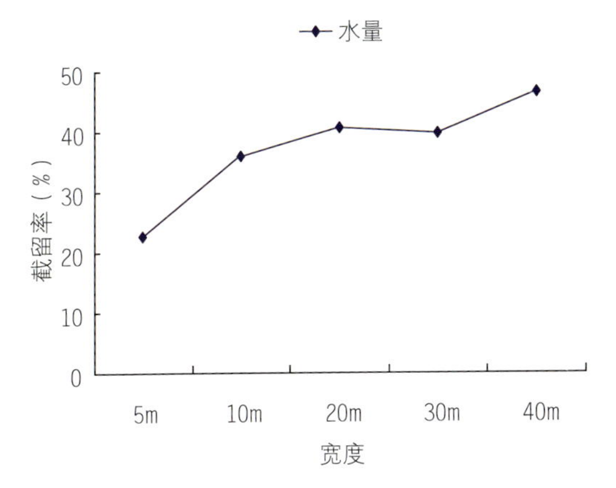

图 29
不同宽度土壤水输出特征

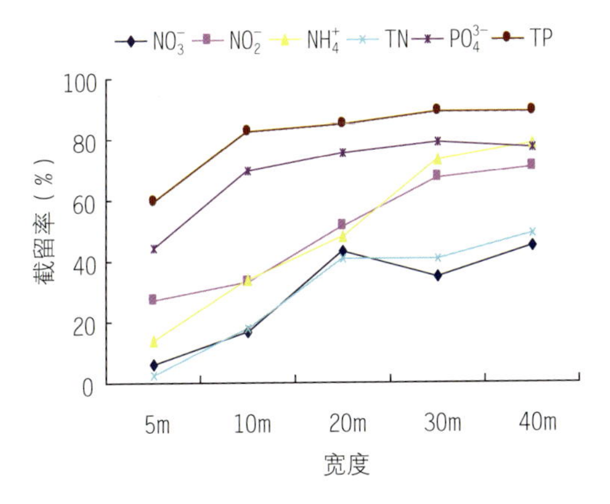

图 30
竹林河岸缓冲带土壤水 N、P 截留率

身具有的良好效益，极大地激发了群众投身林业血防工程建设的积极性，从造林、加工到销售吸引了大批群众广泛参与，极大地提高了疫区群众的就业率，成为工程实施区民众就业的一条新的重要途径。如湖北石首吉象集团，为当地提供就业岗位 5000 多个，据安徽相关方面统计，抑螺防病林建设新增就业人口 30 多万人次。林业血防工程的实施，扩大了就业机会，缓解了就业压力，密切了干群关系，促进了社会稳定发展。

另外，血防林的营造，使大量原本利用率很低的荒地得以有效利用，丰富了林地资源，极大地提高了土地利用价值，使宝贵的土地资源发挥了巨大的作用。

疫区群众将林业血防工程称为“致富工程”。

由此可见，林业血防将血吸虫病防治由原来的消费型血防转变为效益型血防，工程的全面实施，大幅增加疫区森林资源，促进了疫区产业结构调整，为疫区群众和地方政府带来了可观的经济效益，有力地促进了疫区经济的快速发展。

四是创新了发展模式与运行机制，为我国重大工程建设创造了新经验。林业血防建设，是一项林业与卫生相结合的新型重大生态工程。项目的建设涉及方方面面，从中央到地方、从科教到生产，形成了“政、产、学、研、用”多方参与的联动模式，建立了林、农、水、卫等多部门、多学科联防联控的协作机制；同时，在国家支持的基础上，积极引导社会各方面资金投入，形成了国家、集体、企业、个体多种经济成分共存的经营机制。这一系列机制创新，既为项目建设提供了有力保障，又为项目实施提供了无限活力。在多年的项目建设中，林业血防探索创立的各方面协同、全社会参与等经管机制，为我国重大工程项目建设提供了宝贵经验。

作为一项以血吸虫病防控为根本目标的林业生态工程建设，为了更为直观、全面地认识其生态服务功能，进一步开展了抑螺防病林生态服务功能价值评估。在已有生态系统服务功能价值研究的基础上，结合血防林特点，选取以涵养水源、保持土壤、固碳、释氧、生物多样性保护、抑螺防病 6 项功能构成的评价指标体系，对血吸虫病疫区江苏、安徽、湖北、湖南、江西以及四川、云南 7 省，首次开展了抑螺防病林的生态服务功能价值评估。其中，抑螺防病林生态系统服务物质量研究显示，2006~2013 年，这 7 个省份共营建抑螺防病林 45.84×10^4hm，生态效益显著。共涵养水源 16.16×10^8t，保持土壤 1.46×10^8t，固碳 0.1×10^8t，释氧 0.29×10^8t。且各省血吸虫病情况得到改善，血吸虫病人数大幅度减少。因气候等因素差异，不同省份钉螺面积有不同程度的上下波动，但总体呈下降趋势。7 省钉螺面积共减少 $2.08 \times 10^8 m^2$，血吸虫病患者减少 61.38×10^4 人。

表 24　抑螺防病林生态服务功能物质量

省份	涵养水源（$\times10^4$t）	保持土壤（$\times10^4$t）	固碳（$\times10^4$t）	释氧（$\times10^4$t）	抑螺防病	
					钉螺面积减少（$\times10^4m^2$）	血吸虫病人数减少（人）
江苏省	4381.87	395.76	28.93	79.57	4546.53	3348.00
安徽省	25483.04	2301.56	168.26	462.75	2028.19	33425.00
江西省	34238.86	3092.37	226.07	621.75	2149.63	72301.00
湖北省	36005.95	3251.97	237.74	653.84	2683.28	238442.00
湖南省	49688.75	4487.76	309.99	852.57	2011.56	170063.00
四川省	7931.41	716.34	52.37	144.03	4113.23	45337.00
云南省	3911.59	353.28	25.83	71.03	3243.10	50923.00
总计	161641.45	14599.05	1049.18	2885.55	20775.52	613839.00

2006~2013 年抑螺防病林生态系统服务功能价值为 782.15 亿元。其中水源涵养价值量为88.73亿元，保持土壤70.75亿元，固碳 125.9 亿元，释氧 319.72 亿元，生物多样性保护 15.19 亿元，抑螺防病 161.87 亿元。

评估结果清晰地揭示了抑螺防病林生态系统在维持生态稳定，促进社会经济可持续发展方面具有重大价值。这不仅为长江流域抑螺防病林的保护与经营提供了理论依据，而且为科学评价林业血防工程生态效益，研究与开展抑螺防病林的经营机制和补偿机制具有现实意义，同时对于今后林业血防生态工程的规划建设也具有参考价值与指导作用。

由上述分析可以看出，我国的林业血防生态工程建设在多个方面取得了显著成效。林业血防事业在保障与促进疫区人民生命健康、生态安全、生活幸福方面发挥了积极作用。

表 25　抑螺防病林生态服务功能价值量

省份	水源涵养价值量（亿元）	保持土壤价值量（亿元）	固碳价值量（亿元）	释氧价值量（亿元）	生物多样性保护价值量（亿元）	抑螺防病价值量（亿元）	合计（亿元）
江苏省	2.55	1.92	3.47	8.82	0.41	1.80	18.97
安徽省	13.96	11.15	20.19	51.27	2.39	9.00	107.98
江西省	18.76	14.99	27.13	68.89	3.22	19.00	151.99
湖北省	19.73	15.76	28.53	72.45	3.38	61.76	201.60
湖南省	27.23	21.75	37.20	94.46	4.67	44.07	229.38
四川省	4.35	3.47	6.28	15.96	0.75	12.49	43.30
云南省	2.14	1.71	3.10	7.87	0.37	13.74	28.94
合计	88.73	70.75	125.90	319.72	15.19	161.87	782.15

典型模式篇

本篇主要是对林业血防工程建设实践中，各地实施的一些成功模式（包括部分特定技术措施）在此以图片形式加以直观展示，并作简要介绍，也为各地在开展林业血防建设时提供借鉴与参考。

湖沼型疫区血防林模式

杨树 +

杨树 + 小麦

滩地最具代表性的模式之一。杨树林下间种小麦，通过以耕代抚，加强经营管理，形成了良好的复合结构。林下环境不仅不利于钉螺孳生，同时，该模式收获的小麦，作为大宗农产品，国家保证收购，能够获得相对稳定的经济收益。

（具体技术参照《LYT1625-2015 抑螺防病林营造技术规程》，下同）

杨树 + 油菜

也是滩地最具代表性的模式之一。除了“杨树 + 小麦”模式具有的优点外，该模式还具有另外一个显著特点，即油菜花期形成的金色花海蔚为壮美，具有极佳的景观效果。在适合发展旅游的地方，林下间种油菜，是一个很好的林旅模式，能够进一步提升当地收益水平。

杨树 + 蔬菜

主要是在蔬菜产区滩地血防林的一种模式。杨树林下栽种蔬菜，林地管理较为精细。既不利于钉螺孳生，也能促进林木生长。同时，蔬菜的经济收益一般情况下会高于小麦等常规作物。但存在的不足是管理复杂，用工较多，且市场价格波动较大。

杨树 + 黄豆

近两年发展较快的一种模式。该模式主要是在难以淹水的高位滩地或堤内建设血防林的一种模式。与上述甘蓝等蔬菜不同的是，黄豆进入汛期还没有成熟，不能收获。因此，大豆栽种的地块不能有水淹，这种模式只适宜在高位滩地或堤内。其优点在于大豆能够固氮，改善土壤肥力。同时，我国对黄豆的需求大，所以市场销售好，效益较高。

杨树＋益母草

滩地代表性模式之一。此模式一种是在杨树林下人工种植益母草，另一种是由林下植被演替自然形成。益母草作为一种中草药，不仅具有经济价值，更为重要的是，它本身是一种优良的抑螺植物，具有抑螺作用。另外，益母草耐阴，随着林分郁闭度增大，小麦、油菜等不适宜林下种植，益母草却能很好地生长，极大地增强了林分的持续抑螺效果。

杨树＋饲料（玉米）

近几年滩地建立的一种模式，主要适宜于周边有大型养殖场，对玉米饲料有需求的地区。这种模式是在我国大力提倡粮改饲的形势下应运而生的。其最大的优点是，饲料加工利用的是玉米青苗，不需要玉米成熟，故生长期明显缩短，这样更大程度上确保了玉米在滩地上水前已经收获，避免了汛期淹水的不利影响。

杨树 + 饲料（小麦）

同前一模式，近几年滩地建立的一种模式，主要适宜于周边有大型养殖场，对小麦饲料有需求的地区。其最大的优点同样是更大程度上确保了收获。对于小麦来说，其收获前后，正是长江中下游地区雨水较多的季节，也是一些滩地将要上水的时间，有可能导致小麦霉烂、不便收获晾晒等。饲用小麦可提前 20 多天收获，极大地避免了不利影响。

枫香+

滩地值得进一步推广应用的模式之一。此模式主要强调的是造林树种枫香，由于水淹限制，滩地造林树种长期以来主要是杨树和部分柳树，树种极为单调。枫香作为乡土树种，与杨树相比，不但具有较强的耐水淹性能，而且它是一种抑螺植物，具有抑螺作用。枫香作为血防林造林树种，一方面能够发挥持续稳定的生物抑螺功能，进一步增强抑螺效果，另一方面可提高滩地血防林树种的多样性。具体配置上，与杨树相似，枫香可与其他植物组合。

重阳木+

滩地值得进一步推广应用的模式之一。与枫香有所不同的是，重阳木是目前筛选的树种中，耐水淹性能最强的一个乡土树种，是少有的能够适应在低位滩地（水淹60天左右）生长的树种。而其本身也是很好的抑螺树种。重阳木的其他特点同枫香。

乌桕+

滩地值得进一步推广应用的模式之一。乌桕也是很好的抑螺树种，耐水淹性能良好，可在水淹40天左右的中位滩地进行造林。乌桕的其他特点同枫香。

枫杨+

滩地值得进一步推广应用的模式之一。枫杨也是很好的抑螺树种，耐水淹性能良好。枫杨的其他特点同乌桕。

美国薄壳山核桃 +

可以在堤内或极少水淹的高滩发展的模式之一。美国薄壳山核桃也是抑螺树种，并具有一定的耐水淹特性，其最大的特点是果、材多用且寿命长，经济价值较一般树种更高。

香樟 +

适宜在堤内或极少水淹的高滩发展的模式之一。香樟也是优良的抑螺树种，具有一定的耐水淹特性。香樟是一种很好的绿化树种，在疫区乡村绿化美化方面能够发挥积极作用。

中山杉 +

滩地适宜发展的模式之一。中山杉的最大优点是具有极强的耐水淹性能，另外该树种的景观效果较好，也是一种良好的绿化树种。因此，该树种可以在一些低位滩地或者需要注重景观的地带，如人流较多的岸带，进行栽培利用。池杉、落羽杉与中山杉相似。

桑树+

适宜在堤内或堤外的中高滩发展的模式之一。桑树也是抑螺树种，并具有良好的耐水淹性能，如果经营果桑，堤外须是高滩，这样即使淹水，上水之前桑葚已经成熟收获，能获得较高的经济收益。

柳+

适宜在近堤岸带或河渠沿岸发展的模式之一。柳树具有优良的耐水淹性能，而且具有良好的景观效果，垂柳更是如此。因此，在近堤岸带或河渠沿岸采取合理的技术措施栽植柳树，不仅可以抑螺，而且能形成柔美的柳带，具有较好的观赏价值。

对于湖沼区垸内有螺或宜螺的低洼、水系地带，由于不受水淹影响，在做好抑螺的同时，可结合其他经营目标选择相应的血防林模式，具体模式多种多样，目前常见的有以下几类。

绿化苗木培育

对低洼不平的地块进行彻底整治，做到林地平整，沟渠通畅。在此基础上，可栽植当地适宜的树种，进行苗木培育。

林农（蔬、药）复合

在如上进行环境整治的基础上，选择适宜的树种和林下间作物（如蔬菜和药材）加以合理配置栽植，构建高效的复合经营模式。

林禽复合

利用林下空间，进行鸡、鸭等放养。由于禽类取食，致使地表基本没有杂草，同时鸭等也能食螺，因此，不仅增加了禽类收益，也能取得较好的抑螺效果。

林渔复合

主要是对于较为低洼的环境，进一步开挖整治为鱼池，进行水产养殖，同时利用堆土形成的高埂进行造林。这样不仅埂上无螺，而且鱼池几乎终年蓄水，钉螺也无法生存，抑螺效果良好，同时也能获取养殖收益。

林水结合的渠道建设

对于内垸渠道，采用血防林与水利措施相结合的模式。通过水利工程项目的全面整治，环境得以彻底改造，在渠道两侧选择具有抑螺作用的树种如香樟，同时搭配一些其他景观植物，构建景观血防林带。

河道沿岸的血防绿廊

对于垸内河道及其岸带，在疏浚平整的基础上，沿不同梯度分别栽植垂柳、池杉、香樟等多个树种，构成多层次、宽廊道的血防林，可以极大地改善岸带环境，绿化美化沿岸景观。

特殊环境血防林 1

主要针对长江沿岸拆除的码头、房屋及其周边需要进行植被恢复重建等环境下的血防林建设。在注重血防效果的同时，做好岸带绿化美化和生态修复。选择包括抑螺树种在内的多种适生植物，根据具体环境，进行合理配置，实现血防、生态、景观等多种需求。

特殊环境血防林 2

主要针对生态园等多功能综合体中的血防林建设。根据园区的总体规划，将血防林建设作为园区的有机组成，进行科学布局。同时，基于具体环境条件和功能需求（沟渠绿带、较大水体周边的绿化、休闲片林等），优先选择抑螺植物，因地制宜，合理配置。

特定技术 1 宽行距顺水流配置

在长江沿岸滩地进行血防林营建，必须考虑到行洪需要。血防林建设时，应采用宽行距，宜 8m 以上，林木行向与水流的方向保持一致，以利于汛期水流通畅。同时宽行距也利于林下间种，强化管理，提升抑螺效果和经济收益。

特定技术 2　开沟抬垄土地整治

滩地一些局部低洼地带，多是钉螺最适宜的滋生地。经过合理的开沟抬垄（垄高最多增加 1m 左右，不宜过高），进行土地整治后，滩面形成沟、垄相间。垄上进行林农种植，沟内也可适当利用进行养殖。通过整治，消除了滩地钉螺密集的环境，而且滩地也可得到较好的利用。

特定技术3 隔离工程

为防止牛等传染源进入滩地放养，在血防林周边建立隔离栏等工程设施。这样，不但避免了牛的感染，而且更为重要的是，阻止了已感染的病牛向滩地释放大量的血吸虫虫卵，从而阻隔了血吸虫的来源。

沿江抑螺低效柳林改造

沿江岸带疫区有相当一部分为过去营造的柳林，由于不是抑螺防病林，技术措施不到位，其中有很多林地环境适宜于钉螺孳生，为抑螺功能低效林分，极有必要加以改造。通过对林地进行整治，林下引种抑螺植物紫云英，构建起一个具有抑螺、景观等多功能的岸带血防林。

山丘型疫区血防林模式

花椒林

花椒是四川最具特色的经济植物之一。在四川血吸虫病主要流行区眉山市等地，选择花椒为造林树种，建立了花椒血防林。花椒具有优良的抑螺效果，而且耐旱，需水少。花椒血防林的构建，血防效果显著，同时，花椒市场好，经济收益高。

柑橘林

四川血吸虫病流行区主要血防林模式之一。作为特色经果林，柑橘林具有一定的抑螺驱螺作用。结合对林地的建设管理，选择柑橘为造林树种，建立柑橘血防林，不仅血防效果良好，而且近些年的经济收益也高。

柚林

四川血吸虫病流行区主要血防林模式之一，其特点同柑橘林。

茶园

四川血吸虫病流行区血防林模式之一。主要通过对林地的整治和精细管理，彻底改变钉螺孳生环境，达到良好的血防效果和经济收益。

巴豆林

巴豆是一种药用植物，具有极为优良的抑螺功能，同时适应性强，耐瘠薄。选用巴豆建立血防林，具有非常好的抑螺效果，同时，巴豆因具有药用价值，也能获得良好的经济收益。

红香椿林

红香椿的嫩芽是一种非常好的特色食用蔬菜，同时，红香椿也具有良好的抑螺功能。利用红香椿为材料，建立以收获嫩芽为目的的菜用血防林，既具有良好的抑螺效果，又能产生良好的经济收益。

桉树林

桉树是四川广泛栽培的用材树种之一，也是血防林的主要造林树种。桉树生长速度快，并具有优良的抑螺作用。建立桉树血防林，能够很快成材成林，抑螺效果显著。

樟树林

樟树是各地常用的绿化树种，同时也是抑螺树种，不仅是湖沼型疫区血防林的造林树种，也是山丘型疫区血防林的重要造林树种。樟树血防林，既具有良好的绿化美化作用，又具有优良的抑螺效果。

楠木林

桢楠是十分珍贵的用材树种，是四川特色树种之一。在四川一些疫区，选用桢楠作为血防林造林树种，建立楠木血防林。桢楠本身也具有一定的抑螺效果，有些桢楠林下还间种了油用牡丹，这样的血防林，具有良好的抑螺、生态及经济等多种功能。

竹林

竹子生长快，用途广泛，四川、云南的竹资源极为丰富。有些地方选择适宜的竹种建立了血防林。竹子血防林的主要特点是，竹叶等凋落物分解缓慢，能在地面形成厚厚的一层覆盖，不利于钉螺的生长、繁育，起到明显的抑螺作用。此外，无论是笋用、材用，竹林均具有良好的生态及经济效果。

叶用桑园

四川绵阳典型的血防林模式之一。通过水改旱等方式，建立了大面积桑树血防林。桑树均具有良好的抑螺功能，加之水改旱，彻底改变了钉螺孳生环境。由于当地丝绸加工企业对桑叶资源的需求，桑园的经济收益较为可观。

核桃林+

核桃林

核桃是优良的经济树种，核桃产业是云南省林业发展的重点项目。核桃也是优良的抑螺树种，一些地方结合水改旱等方式，可彻底改变原来适宜钉螺孳生的水田环境，同时不再有耕牛进入，控制了传染源。这样选择核桃建立血防林，可兼得抑螺防病和经济效果。

核桃 + 烟草

核桃林下间种烟叶（云南的特色经济植物）等作物，经济效益可进一步提高。这一模式的其他特点同核桃林。

核桃 + 蔬菜

核桃林下间种最多的蔬菜是大蒜。大蒜也具有抑螺作用，核桃与大蒜两者复合，较之单一核桃林，抑螺效果和经济收益都进一步提升。

核桃 + 药材

云南中药材资源极其丰富。选择滇重楼等特色中药材，利用核桃林下环境，为重楼等具有一定耐阴性能的植物生长提供了适宜条件。很多中药材还具有抑螺功效。因此，核桃与药材复合模式，具有很好的抑螺和经济效果。

油茶林

油茶是江西、湖南等血吸虫病流行区的重要木本油料，也是这些省份林业发展的重点。同时，油茶也是很好的抑螺植物。在这些地区中，有些沿湖、沿河的山丘地带，具有钉螺分布。选用适宜的油茶良种，建立油茶血防林，既能有效地抑螺，又具有良好的经济效益。

新农村特色模式 1

结合新农村建设，选择适宜的植物种类，进行血防林营建。如在对村庄环境进行全面整治的同时，利用柚子对整个村庄房前屋后进行绿化美化，当一个个硕大的柚果挂满村庄的每个角落，处处飘香，美不胜收。这种模式，在血防、环境改善、经济收益等多个方面收到良好效果。

新农村特色模式 2

结合农村水体等重点环境整治，进行血防林建设。在对钉螺最宜孳生的水体及周围环境进行整治后，因地制宜建立血防林，如竹林，形成有林有水、林水相依的自然景观。既有效抑制了钉螺，又令村庄环境更加优美。

抑螺低效林改造

针对山丘疫区存在的一些抑螺效果较为低下的非血防林，进行抑螺成效提升改造。如疫区部分有螺孳生的茶园，通过进一步利用工程措施进行林地治理，并在茶园中补植一些抑螺树种桉树。改造后的茶园，抑螺效果明显增强，同时由于桉树可适当遮阴，也有利于茶叶的生长和品质改善。

沟渠治理技术模式

血防林建成后，仍可能存在钉螺的环境，重点就是沟渠。因此，对沟渠小环境的治理也需要加以重视。目前主要采取生物和工程两种措施。对于沟渠治理的技术模式，除前述有关模式外，这里再作部分补充。

抑螺草本香根草 + 硬化

抑螺草本益母草

抑螺树种夹竹桃 + 硬化

抑螺树种狭叶山胡椒

沟渠硬化

结合水利等工程建设，对十分适宜钉螺孳生的部分沟渠进行硬化处理，是抑螺的有效手段和生物抑螺的必要补充。

生物抑螺剂

随着生物抑螺剂创制的不断突破，利用生物抑螺剂对沟渠等特殊地带进行钉螺治理，将成为抑螺的重要措施。

试验研究与建设成果

沿江滩地多树种耐水淹比较试验

山丘区抑螺植物筛选试验

血防林通量观测研究

滩地血防林新推荐树种——重阳木

抑螺树种——乌桕育苗

抑螺树种——枫杨育苗

山丘区血防林庆丰收现场

硕果满仓

参天大树　有效利用

滩地血防林　长江绿腰带

参考文献

林业血防理论基础及其典型模式

[1] 方建民,孙启祥,徐庆,等. 滩地造林抑螺防病好树种—枫香[J]. 安徽林业科技,2017,43(02):7-13.

[2] 费世民,孙启祥,周金星,等. 林业血防工程提质增效问题研究[J]. 四川林业科技,2016,37(2):18-26.

[3] 费世民,周金星,张旭东,等. 血吸虫病的生态防治与抑螺防病林消除钉螺孳生环境机制[J]. 湿地科学与管理,2006(04):28-32.

[4] 冯继广,丁陆彬,王景升,等. 基于案例的中国森林生态系统服务功能评价[J]. 应用生态学报,2016,27(5):1375-1382.

[5] 高升华,张旭东,汤玉喜,等. 滩地人工林幼林不同时间尺度 CH4 通量变化特征——基于涡度相关闭路系统的研究[J]. 生态学报,2016,36(18):5912-5921.

[6] 高志红,张万里,张庆费. 森林凋落物生态功能研究概况及展望[J]. 东北林业大学学报,2004,32(6):79-83.

[7] 官威,洪青标,吕山,等. 钉螺控制技术研究进展[J]. 中国血吸虫病防治杂志,2017,29(02):246-251.

[8] 郭家钢. 中国血吸虫病综合治理的历史与现状[J]. 中华预防医学杂志,2006(04):225-228.

[9] 国家林业局. LY/T 1721-2008 森林生态系统服务功能评估规范[S]. 北京:中国标准出版社,2008.

[10] 韩帅,黄玲玲,王昭艳,等. 长江安庆段河流湿地生态系统呼吸及其影响因子[J]. 生态学报,2009,29(7):3621-3628.

[11] 胡婵娟,郭雷. 植被恢复的生态效应研究进展[J]. 生态环境学报,2012,1(9):1640-1646.

[12] 胡兴宜,唐万鹏,刘立德,等. 益母草抑制钉螺生长的初步研究[J]. 云南农业大学学报,2005(06):127-130.

[13] 胡兴宜,唐万鹏,王万贤,等. 益母草不同组分的抑螺效果及对钉螺酯酶

同工酶的影响[J]. 生态学杂志,2007,26(5):728-731.

[14] 黄玲玲 . 竹林河岸带对氮磷截留转化作用的研究[D]. 北京:中国林业科学研究院,2009.

[15] 黄寿山,吴伟坚译,李长友 . 存在植物、害虫、天敌之间的他感物质及其功能[J]. 生态科学,2000,19(4).:23-34.

[16] 江泽慧 . 兴林灭螺论文选集[M]. 北京:中国林业出版社,1995.

[17] 蒋俊明,何亚平,费世民,等 . 山丘型地区钉螺孳生数量与植被和土壤环境因子的关系[J]. 湿地科学与管理,2006(04):33-39.

[18] 靳爱仙,周国英,闫瑞坤,等 . 博落回提取物对松梢螟幼虫生物活性的影响[J]. 中南林业科技大学学报,2012,32(5):15-18,41.

[19] 柯文山,陈世俭,杨金莲 . 5 种药用植物水浸液杀螺效果[J]. 现代预防医学,2007,34(1):5-8.

[20] 李广,王振营,刘作新,等 . 辽西乡镇域耕地土壤中微量元素的空间变异性分析[J]. 土壤通报,2011,42(02):372-377.

[21] 李海玲,陈乐蓓,方升佐,等 . 不同杨 - 农间作模式碳储量及分布的比较研究[J]. 林业科学,2009,45(11):9-14.

[22] 李海蓉,王五一,杨林生 . 气候变化与鼠疫流行的耦合分析[J].. 中国人兽共患病杂志,2005,21(10):887~ 891.

[23] 李纪元,饶龙兵,潘德寿,等 . 人工淹水胁迫下枫杨种源 MDA 含量的地理变异[J]. 浙江林业科技,1999,19(4):22-27.

[24] 李纪元 . 涝渍胁迫对枫杨幼苗保护酶活性及膜脂过氧化物的影响[J]. 安徽农业大学学报,2006,33(4):450-453.

[25] 李玲,胡兴宜,孙启祥,等 . 生物生态灭螺技术研究与应用进展[J]. 湖北林业科技,2012(01):32-35+46.

[26] 李锐祈,胡兴宜,周金星,等 . 基于主成分分析与聚类分析的滩地环境抑螺效果评价[J]. 中南林业科技大学学报,2010,30(6):27-31.

[27] 李媛 . 森林效益的计量与评价方法[J]. 林业科技情报,2009, 41(1):8-9.

[28] 李源培,王海银,周艺彪,等 . 湖区钉螺孳生地的微生态环境对钉螺分布的影响[J]. 中华流行病学杂志,2010,31(2):163-166.

[29] 刘广福,李昆,张春华 . 山丘型血吸虫病流行区抑螺防病林的抑螺效果及生态经济效益 . 中国血吸虫病防治杂志,2011,23(4):386-389.

[30] 刘浩,谈满良,单体江,等 . 博落回生物碱与生物活性及其应用[J]. 中国野生植物资源,2009,28(3):21-23.

[31] 刘世荣,代力民,温远光,等 . 面向生态系统服务的森林生态系统经营:现状、挑战与展望[J]. 生态学报,2015,35(1):0001-0009.

[32] 刘鑫,傅松玲,江文秀 . 林茶间作栽培模式对有机茶品质的影响[J]. 园

艺与种苗,2015,(7):1-3.
[33] 陆小清,李永荣,陈永辉,等.2007. 中山杉系列新无性系区域试验[J]. 江苏林业科技,34(6):1-6.
[34] 罗坤水;贺义昌;徐林初,等.乌桕活性成分及其抑螺研究进展[J]. 中国血吸虫病防治杂志,2013,25(5):538-540.
[35] 马安宁,王万贤,杨毅等.灭螺植物资源的开发利用研究[J]. 自然资源学报,2000,22(1):40-45.
[36] 马莉,杨筱,张仪,等.长江流域抑螺防病生态服务功能评估[J]. 浙江农林大学学报,2019,36(1):130-137.
[37] 梅莹,黄成林,汪子栋,等.农户收入视角下的林业血防工程经济效益评价——以安庆市为例[J]. 林业经济,2014,(4):122-125.
[38] 欧阳志云,王效科,苗鸿.中国陆地生态系统服务功能及其生态经济价值的初步研究[J]. 生态学报,1999,19(5):607-613.
[39] 潘向艳,季孔庶,方彦.淹水胁迫下杂交鹅掌楸无性系几种酶活性的变化[J]. 西北林学院学报,2007,22(3):43-46.
[40] 庞宏东,胡兴宜,胡文杰,等.淹水胁迫对枫杨等 3 个树种生理生化特性的影响[J]. 中南林业科技大学学报,2018,38(10):8-14.
[41] 庞宏东,胡兴宜,胡文杰,等.淹水胁迫对枫杨等 3 个树种生理生化特性的影响[J]. 中南林业科技大学学报,2018,38(10):8-14.
[42] 彭镇华,江泽慧.中国新林种—抑螺防病林研究[M]. 北京:中国林业出版社,1995.
[43] 彭镇华.林业血防工程抑螺防病机理[J]. 湿地科学与管理,2013(2):8-10.
[44] 彭镇华.中国林业血防工程建设[J]. 湿地科学与管理,2006,2(4):4-7.
[45] 乔明锋,刘阳,袁小钧,易宇文,彭毅秦,邓静.茂县花椒化学成分分析及抑菌活性研究[J]. 中国调味品,2017,42(04):59-63,73.
[46] 秦志敏,Tanui J,冯卫英,等.遮光对丘陵茶园茶叶产量指标和内含生化成分的影响[J]. 南京农业大学学报,2011,34(5):47-52.
[47] 卿志星,徐玉琴,杨鹏,余坤,彭懿,左姿,曾建国.博落回果荚中生物碱的研究[J]. 中药 材,2016,39(02):312-314.
[48] 宋丽雅,倪正,樊琳娜,李婷,于群.花椒抑菌成分提取方法及抑菌机理研究[J]. 中国食品学报,2016,16(03):125-130.
[49] 苏守香,彭镇华,孙启祥,等.淹水胁迫下枫香光合生理特性对 CO2 浓度倍增的响应[J]. 河北农业大学学报,2013,36(4):42-47.
[50] 苏守香,彭镇华,孙启祥,等.淹水胁迫下枫香叶片对富氮水平的光合响应[J]. 安徽农业大学学报,2013,40(3):357-365.

[51] 孙启祥,彭镇华,康忠铭,等. 滩地立地条件造林树种选择研究[J]. . 安徽农业大学学报,1998,25(1):18-22.

[52] 孙启祥,彭镇华,周金星. 抑螺防病林生态控制血吸虫病的策略与机理分析[J]. 安徽农业大学学报,2007,34(3):338-341.

[53] 孙启祥,吴泽民,韦朝领,等. 有螺江滩林农复合生态系统不同调控模式的综合效益评价[J]. 应用生态学报,2001,12(2):195-198.

[54] 汤玉喜,刘友全,吴 敏,等. 淹水胁迫对美洲黑杨无性系保护酶系统的影响[J]. 中南林业科技大学学报,2008,28(3):1-5.

[55] 汤玉喜,刘友全,吴敏,等. 淹水胁迫对美洲黑杨无性系保护酶系统的影响[J]. 中南林业科技大学学报,2008,28(3):1-5.

[56] 唐罗忠,黄宝龙,生原喜久雄,等. 高水位条件下池杉根系的生态适应机制和膝根的呼吸特性[J]. 植物生态学报,2008,32(6):1258-1267.

[57] 滕家喜,周志翔,李晨,等. 石首市抑螺防病林空间布局优化研究[J]. 长江流域资源与环境,2018,27(7):1593-1603.

[58] 王兵,鲁绍伟,尤文忠,等. 辽宁省森林生态系统服务价值评估[J]. 应用生态学报,2010,21(7):1792-1798.

[59] 王兵,任晓旭,胡文. 中国森林生态系统服务功能及其价值评估[J]. 林业科学,2011,47(2):145-153.

[60] 王万贤,柯文山,吴明煜,等. 樟树水浸液对钉螺的生态毒理学效应[J]. 生态学报,2015,35(3):919-925.

[61] 王万贤,张勇,杨毅,等. 钉螺对夹竹桃化感物质三萜总皂甙毒理作用的反应[J]. 动物学报,2008.54(3):489-499.

[62] 王月容,周金星,周志翔,等. 不同土地利用方式下洞庭湖退田还湖区土壤物理特性[J]. 华中农业大学学报,2010,29(6):306-311.

[63] 王智慧,凌铁军,张梁,等. 樟树叶化学成分的研究[J]. 天然产物研究与开发,2016,6:860-863.

[64] 韦新良,何莹. 生态景观林景观效果构成特性定量分析[J]. 西北林学院学报,2011,26(6):181-185.

[65] 吴明煜, 柯文山,刘旭,等. 蛇床子总香豆素的灭螺活性研究[J]. 湖北大学学报,2014,36(2):106-109.

[66] 吴征镒,庄漩,苏志云. 中国植物志[M]. 北京:科学出版社,1999. 77-79.

[67] 谢高地,张彩霞,张昌顺,等. 中国生态系统服务的价值[J]. 资源科学,2015,37(09):1740-1746.

[68] 杨林生,王五一,谭见安,等. 环境地理与人类健康研究成果与展望[J].. 地理研究,2010,29(9):1571-1583.

[69] 杨永峰,彭镇华,孙启祥,等. 重大工程对血吸虫病流行区扩散潜在影响

的研究[J]. 长江流域资源与环境,2009,18(11):1067-1073.

[70] 杨永峰,孙启祥．乌桕叶片中抑螺提取物的主要化学成分分析[J]. 植物资源与环境学报,2015,24(3):115 -117.

[71] 游玉明,周敏,王倩倩,等．花椒麻素的抗氧化活性[J]. 食品科学,2015,36(13).

[72] 于乃胜．黄河滩地杨树生态防护林生态系统服务的计量及其价值评估[D]. 泰安:山东农业大学博士学位论文,2009.

[73] 张春华,唐国勇,刘方炎,等.云南省山区林农复合模式控制钉螺效果[J]. 中国血吸虫病防治杂志,2012,24(5):514-517.

[74] 张家来,陈立德．江滩农林复合的综合效益的评价[J]. 生态学报,1995.19(4)442-449.

[75] 张启国．博落回生物总碱提取方法研究[J]. 广州化学,2017,42(01):66-70.

[76] 张文锦,林春莲,熊明民．茶树遮阴效应研究进展[J]. 福建农业学报,2007,22(4):457-460.

[77] 张晓燕．不同树种在涝渍胁迫下生长及其生理特性的响应[D]. 南京:南京林业大学,2009.

[78] 张仪,吴缨,顾文彪,等．苦楝叶对钉螺细胞凋亡和一氧化氮合酶的影响[J]. 中国人兽共患病学报,2013,29(8):771-774.

[79] 赵东亮,郁建平,周晓秋,等．博落回生物碱的抑菌作用研究[J]. 食品科学,2005,1:45-47.

[80] 中国森林资源核算及纳入绿色 GDP 研究项目组．绿色国民经济框架下的中国森林资源核算研究[M]. 北京:中国林业出版社,2010.

[81] 中国森林资源核算研究项目组．生态文明制度构建中的中国森林资源核算研究[M]. 北京:中国林业出版社,2015.

[82] 朱玲,周玉新,唐罗忠,等．我国林农复合经营模式及其综合评价方法[J]. 南京林业大学学报(自然科学版),2015,39,(4):149-156.

[83] Abbasi M K,Zafar M,Khan S R. Influence of different land-cover types on the changes of selected soil properties in the mountain region of Rawalakot Azad Jammu and Kashmir [J]. Nutrient Cycling in Agroecosystems,2007,78(1):97-110.

[84] Adela Zdarilova,Eva Vrublova,Jitka Vostalova,et al. Natural feed additive of Macleaya cordata:Safety assessment in rats a 90-day feeding experiment [J]. Food and Chemical Toxicology,2008,46(12):3721-3726.

[85] ALEXANDER H. Nature's services:societal dependence on natural ecosystems[J]. Corporate Environ Strategy,1999,6(2):219.

[86] Archaux F, Martin H. Hybrid poplar plantations in a floodplain have balanced impacts on farmland and woodland birds [J]. Forest Ecology and Management, 2009, 257(6): 0–1479.

[87] Boelee, E., Laamrani, H.. Environmental control of schistosomiasis through community participation in a Moroccanoasis [J]. Trop. Med. Int. Health, 2004, 9: 997–1004.

[88] CONSTANZA R, A'RGE R, de GROOT R, et al. The value of the world's ecosystem services and natural capital [J]. Nature, 1997, 387: 253–260.

[89] Curriero FC, Patz JA, Rose JB, et al. The association between extreme precipitation and waterborne disease outbreaks in the United States [J]. Am J Public Health, 2001, 91(8): 1194–199.

[90] Damanik RI, Maziah M, Ismail MR, et al. Responses of the antioxidative enzymes in Malaysian rice (Oryza sativa L.) cultivars under submergence condition [J]. Acta Physiologiae Plantarum, 2010, 32(4): 739–747.

[91] David G, Lo N C, Ndeffo–Mbah M L, et al. The human–snail transmission environment shapes long term schistosomiasis control outcomes: Implications for improving the accuracy of predictive modeling [J]. PLOS Neglected Tropical Diseases, 2018, 12(5): 514–525.

[92] Evan Secor, W. Water–based interventions for schistosomiasis control [J]. Pathog. Global Health 2014, 108, 246–254.

[93] Fang S.Z, Li H.L, Sun Q.X., et al Biomass production and carbon stocks in poplar–crop intercropping systems: a case study in northwestern Jiangsu, China Agroforestry Systems, 2010, 79: 213–222.

[94] Faust E C, Meleney H E. Studies on Schistosomasis japonica [J]. Am J Hyg, Monographic Series 1924, 3: 219.

[95] Hu C, Zhang D, Huang Z, et al. The vertical micro distribution of cyanobacteria and green algae within desert crusts and the development of the algal crusts [J]. Plant and Soil, 2003, 257(1): 97–111.

[96] Ilaria De Stefano, Giuseppina Raspaglio, Gian Franco Zannoni, et al. Antiproliferative and antiangiogenic effects of the benzophenanthridine alkaloid sanguinarine in melanoma [J]. Biochemical Pharmacology, 2009, 78(11): 1374–1381.

[97] Ke W S, Cheng X, Cao D Z, et al., Molluscicidits activity of Arisaema erubescens mixed with fertilizers against Oncomelania hupensis and its effffect on rice germination and growth [J]. Acta Tropica, 2018, 179: 55–60.

[98] Ke W S, Lin X, Yu Z S, et al. Molluscicidal activity and physiological toxicity of Macleaya cordata alkaloids components on snail Oncomelania hupensis[J]. Pesticide Biochemistry and Physiology, 2017, 143: 111-115.

[99] Kooijman A M, Cammeraat E. Biological control of beech and hornbeam affects species richness via changes in the organic layer, pH and soil moisture characteristics [J]. Functional Ecology, 2010, 24 (2): 469-477.

[100] Kudahettige N P, Pucciariello C, Parlanti S, et al. Regulatory interplay of the Sub1A and CIPK15 pathways in the regulation of α-amylase production in flooded rice plants [J]. Plant Biology, 2011, 13 (4): 611-619.

[101] Lambkin D C, Gwilliam K H, Layton C, et al. Soil pH governs production rate of calcium carbonate secreted by the earthworm Lumbricus terrestris [J]. Applied Geochemistry, 2011, 26 (supp-S).

[102] Mahmoud, A., Singh, S.D., Muralikrishna, K.S., 2016. Allelopathy in Jatropha plantation Effffects on seed germination, growth and yield of wheat in north-west India [J]. Agric. Ecosyst. Environ. 231, 240-245.

[103] Malanson G. P. Riparian landscape. Cambridge: Cambridge university Press, 1993.

[104] Melanie R., Andreas R. Toxic activities of the plant Jatropha curcas against intermediate snail hosts and larvae of schistosomes [J]. Tropical Medicine and International Health, 2000, 5 (6): 423-430.

[105] Nihei N., Kanazawa, T., Blas B.L, et al. Soil factors inflfluencing the distribution of Oncomelania quadrasi, the intermediate host of Schistosoma japonicum, on Bohol Island, Philippines [J]. Ann. Trop. Med. Parasitol. 1998, 92, 699-710.

[106] Njoroge, M., Njuguna, N.M., Mutai, P., et al. Recent approaches to chemical discovery and development against malaria and the neglected tropical diseases human African trypanosomiasis and schistosomiasis [J]. Chem. Rev. 2014., 114: 11138-11163.

[107] Oliver L. G., Penny A.Habitat creation and repair. Oxford: Oxford university Press, 1998.

[108] Sairam R K, Kumutha D, Ezhilmathi K, et al. Waterlogging induced oxidative stress and antioxidant enzyme activities in pigeonpea [J]. Biologia Plantarum, 2009, 53 (3): 493-504.

[109] Sokolow, S.H., Wood, C.L., Jones, I.J., et al. To reduce the global burden of human schistosomiasis, use 'Old fashioned' snail control [J]. Trends Parasitol. 2018, 34, 23-40.

[110] Souza B A, Silva L C, Chicarino E D, et al. Preliminary phytochemical screening and molluscicidal activity of the aqueous extract of Bidens pilosa Linné (Asteraceae) in Subulina octona (Mollusca, Subulinidade) [J]. Anais Acad Brasileira Ciências, 2013, 85 (4): 1557-1566.

[111] Sun Q. X., Zhang J. F.Analysis on Schistosomiasis Occurrence And Preventive Measures in Three Gorges Reservoir [J]. Chinese forestry science and technology 2007, 1 (6): 82-86.

[112] Tyler G, Olsson T. Concentrations of 60 elements in the soil solution as related to the soil acidity [M] European Journal of Soil Science. 2001.

[113] UK National Ecosystem Assessment. UK National Ecosystem Assessment: Synthesis of the Key Findings. [M] Cambridge: UNEPWCMC, 2011.

[114] World Health Organization. Ecosystem and Human Well-Being :Health Synthesis [M]. Geneva: 2005.

[115] World Resources Institute. Ecosystem and Human Well-Being: Synthesis [M]. Washington D C: Island Press, 2005.

[116] WorldHealthOrganization.Schistosomiasis.http://www.who.int/news-room/fact-sheets/detail/schistosomiasis, 20 February 2018.

[117] WorldHealthOrganization.Schistosomiasis.http://www.who.int/news-room/fact-sheets/detail/schistosomiasis, 1 November 2019.

[118] Wormuth D, Heiber I, Shaikali J, et al. Redox regulation and antioxidative defence in Arabidopsis leaves viewed from a systems biology perspective [J]. Journal of Biotechnology, 2007, 129 (2): 229-248.

[119] Yang H.S., Sun C.X., Li T., et al. Preparation and evaluation of camptothecin granules for molluscacidal activity [J]. Allelopathy Journal, 2017, 42 (1): 145-156.

[120] Yang J, Zhou J X, Jin J, et al. The Stakeholders' Views on Planting Trees to Control Schistosomiasis in China [J]. Int. J. Environ. Res. Public Health 2020, 17, 939.

[121] Yang X, Zhang Y, Sun Q X, et al. SWOT analysis on snail control measures applied in the national schistosomiasis control programme in the People's Republic of China [J]. Infectious Diseases of Poverty, 2019, 8 (1): 1-13.

[122] Yang X., ZhangY., Sun Q.X., et al. SWOT analysis on snail control measures applied in the national schistosomiasis control programme in the People's Republic of China Infectious Diseases of Poverty, 2019, 8 (1): 13.

后记

本书是在中国林业科学研究院兴林抑螺工程技术研究中心和国家林业和草原局世界银行项目贷款管理中心共同组织下，由孙启祥主笔、并联合多位相关人员撰写完成。本书出版得到了国家十二五科技支撑计划项目“生态经济型血防林构建技术研究与示范”（2015BAD07B07）以及国家林业和草原局中央预算内生态工程核查项目“林业血防工程建设技术模式与典型案例”资金的共同资助。

本书从基本理论、关键技术以及工程建设中的典型模式等方面，对多年来林业血防的研究与实践进行了全面梳理、科学分析和系统总结。该书的出版，以期对于今后开展林业血防工程建设以及相关研究能够起到借鉴和参考。

撰写过程中，国家林业和草原局世界银行项目贷款管理中心、国家林业和草原局林业血防办公室的有关领导，湖南、湖北、安徽、江苏、江西、四川、云南等疫区各省有关林业部门、专家，以及中国林业科学研究院、北京林业大学、南京林业大学、湖北大学、中国疾病预防控制中心寄生虫病预防控制所的有关专家，提供了相关材料并提出了宝贵建议，给予了大力支持。本书是凝聚众多从事林业血防研究与建设者劳动成果的结晶。同时，著作中参考文献及其未尽一一列出的所有引用材料，也进一步丰富了本书的内容。在此谨对以上各单位以及各位领导、专家表示衷心感谢！